Die Autoren

Nina Rieke hat in ihrer langjährigen Agentur- und Marketingkarriere für Marken wie die Deutsche Telekom, Deutsche Lufthansa, Siemens, Electrolux, Miele, Unilever, Rotkäppchen-Mumm, eBay und viele weitere gearbeitet. Als Chief Strategy Officer bei DDB Deutschland hat sie zahlreiche Effie-Auszeichnungen für die Agentur gewonnen und zugleich als Vizepräsidentin im Gesamtverband Kommunikationsagenturen (GWA) das Bild der Branche mitgeprägt. Die W&V bezeichnete sie 2019 als „eine der namhaftesten Frauen in der deutschen Werbebranche". Nina Rieke hat Gesellschafts- und Wirtschaftskommunikation an der Universität der Künste Berlin studiert, ist ausgebildeter systemischer Businesscoach und Transformations-Facilitator sowie Dozentin für Markenstrategie an der Universität Luzern in der Schweiz. Als unabhängige Strategieexpertin begleitet sie mit ihrem Beratungsunternehmen Marken dabei, den nächsten richtigen Schritt zu tun.

nina@whatsnextnow.de
linkedin.com/in/ninarieke

Die Absatzwirtschaft zählt Hans-Christian Schwingen „zu einer Reihe von Persönlichkeiten, die aufgrund ihrer gelebten Praxis auf dem Gebiet der Markenstrategie und -führung für die Branche Vorbildcharakter haben". Seine beruflichen Stationen führten ihn u. a. zur Werbeagentur Springer & Jacoby, zu Audi und zur Deutschen Telekom, wo er als Chief Brand Officer aus einem behäbigen Technologieanbieter eine digitale Erlebnismarke formte. Heute gilt die Telekom als wertvollste Telkomarke in Europa bei einer Verfünffachung des Markenwertes seit dem Jahr 2008. Das *Leitsystem für werteorientierte Markenführung* ist ein generalistisches Anwendungsverfahren, in dem mehrjährige Praxiserfahrungen für die Revitalisierung und Renovierung von Marken stecken. Schwingen hat Kommunikationswissenschaften und Europäische Betriebswirtschaft studiert. Er wurde in seiner Karriere mit zahlreichen Preisen ausgezeichnet, u. a. als „CMO of the Year", und in die Hot-Topics-Liste der „100 most influential CMOs of the World" aufgenommen.

hc.schwingen@t-online.de
linkedin.com/in/hans-christian-schwingen

Inhalt

Der Einsteiger-Check

Sind Sie neugierig, ungeduldig oder brauchen Sie einen Leseimpuls? Der Check zeigt Ihnen auf die Schnelle, ob und warum das *Leitsystem für werteorientierte Markenführung* Ihnen ein guter Begleiter sein wird.

Wenn Sie bei den nachfolgenden Aussagen mindestens ein Kreuzchen machen, sollten Sie ernsthaft über die Anwendung des in diesem Buch vorgestellten Leitsystems nachdenken.

☐ Die globale pandemische Krise prägt vermutlich nachhaltige Verhaltensänderungen, die auch von veränderten *Werte*-Orientierungen herrühren, auf die sich Marken einstellen müssen.

☐ Ich beobachte, dass Unternehmen und ihre Marken vermehrt unter Druck stehen, die Frage nach Relevanz und Glaubwürdigkeit in Bezug auf ihre gesellschaftliche Rolle zu beantworten.

☐ Ich bin mir unsicher, ob unsere Marke bereits das volle Potenzial zu einer nachhaltigen *Werte*-Orientierung nutzt.

☐ Ich finde es interessant, unsere Marke einem gründlichen „Healthcheck" zu unterziehen und dem alles entscheidenden Kern auf die Schliche zu kommen, „wofür sie sich stark machen will".

☐ Das entsprechende Tool muss maximal anwendungsorientiert sein und das Fundament für eine starke Markenstory setzen, die Mitarbeitende inspiriert, Kundschaft anzieht und Geschäftspartner begeistert.

☐ Das Tool muss mich selbst, die Markenverantwortlichen im Team oder eine zu bestimmende Projektinitiatorin* in die Lage versetzen, den Findungsprozess durch ein gezieltes Vorgehen weitestgehend selbstständig bzw. mit überschaubarer externer Hilfe durchzuführen.

Lust auf mehr? Dann ist spätestens jetzt der Zeitpunkt gekommen, das gesamte Buch über das *Leitsystem für werteorientierte Markenführung* zu studieren.

Nehmen Sie auch sehr gerne mit der Autorin Nina Rieke oder dem Autor Hans-Christian Schwingen Kontakt auf. Wir freuen uns auf ein Kennenlernen!

---

* Aus Gründen der Lesbarkeit werden die männliche und weibliche Form alternierend verwendet. Das jeweils andere Geschlecht ist dabei immer eingeschlossen.

Genau jetzt ist die Zeit für ein neues Leitsystem

Wollen auch Sie mit Ihrer Marke den Wandel des Unternehmens vorantreiben und gesellschaftliche Veränderungen konstruktiv und verantwortungsvoll begleiten? Dann ist das vorliegende *Leitsystem für werteorientierte Markenführung* vielleicht genau der richtige Ansatz für Sie.

Wir, die Autoren, wollen kein weiteres starres Modell neben die bestehende Vielfalt an bereits existierenden Markenmodellen setzen. Sondern wir möchten mit diesem Leitsystem in erster Linie einen kreativen Begleiter zum Reflektieren und Entwickeln von Perspektiven und Szenarien bieten. Es geht nicht um den Rahmen, sondern vor allem um die Denkweise dahinter: ein flexibles Leitsystem, das aufzeigt, wie Marken einen höheren gesellschaftlichen Bezug schaffen und auf eigene Stärken aufbauen, statt generische, nicht in sich selbst verankerte Versprechen zu machen. Das „Konzept Marke" ist für uns nicht ein Anhängsel des Marketings, sondern das bereichsübergreifende Bindeglied zwischen Unternehmensstrategie auf der einen und Kundenerwartungen auf der anderen Seite. Es ist der wesentliche Hebel, die Unternehmensstrategie über alle Ebenen zum Leben zu erwecken. Deshalb sollte Markenführung auch die entsprechende Bedeutung in der Unternehmensführung erhalten.

Marken finden inzwischen in allen Bereichen des täglichen Lebens statt: nicht nur für klassische Markenartikel und Dienstleistungen, sondern auf allen Ebenen der Wirtschaft, Kultur und Gesellschaft – für Städte und Regionen, (Non-Profit-) Organisationen und Einrichtungen oder Menschen des öffentlichen Lebens. Es gibt kaum Bereiche, in denen das Konzept nicht zum Tragen kommt. Auch im Mittelstand und im B2B-Kontext ist die Marke mittlerweile fester Bestandteil der Betrachtung: So kommen verschiedene Studien zu dem Schluss, dass die B2B-Kundschaft bereit ist, bis zu 30 % mehr für besondere Markenerlebnisse auszugeben (*vgl. Nathan, Schmidt, 2013*). Und für den Einkauf ist die Marke gleich hinter Preis, Produkteigenschaften und Vertriebspower einer der wesentlichen Entscheidungsfaktoren.

„Auch wenn Technologien, Geschäftsmodelle und Politik wichtig sind – am Ende verändern Ideen und neue Wertvorstellungen die Welt."

Prof. Dr. Uwe Schneidewind, Die große Transformation

Unternehmensstrategie – Markenstrategie
Quelle: Interbrand

? *Ist Ihre Marke schon gut gerüstet für diese vielfältige Aufgabe? Vor allem aber: Nutzt sie ihr Potenzial bereits so, wie es möglich wäre?*

1. Der Hintergrund

Marken sind Gesellschaftsgestalter, heute mehr denn je

Erstaunlich ist, dass trotz dieser Erkenntnis noch viel zu wenige Unternehmen mit ihren Marken diese Chance erfolgreich für sich nutzen. Und mit steigenden Erwartungen von außen steigt auch das Risiko, immer schneller in der Bedeutungslosigkeit zu verschwinden. So wäre es für die Befragten der „Meaningful Brands"-Studie (*HAVAS, 2021*) egal, wenn drei Viertel aller Marken einfach vom Markt verschwänden.

Viele Unternehmen machen es sich nach wie vor zu einfach, wenn sie ihr Handeln nur als Reaktion auf externe Kundenwünsche, die es zu bedienen gilt, definieren. Sie müssen sich der Frage nach Relevanz und Glaubwürdigkeit in Bezug auf ihre Rolle, die sie in der Gesellschaft einnehmen, stellen. Denn mit ihren Marken, Produkten und ihren Kommunikationsmaßnahmen wirken sie auf *Wertvorstellungen*, Lebensstile und Konsumkulturen ein.

Damit bieten sie gleichzeitig auch vielfältige Potenziale zu Beiträgen für eine nachhaltige Entwicklung. Die aktuelle Coronapandemie wirkt hier als exponentieller Beschleuniger für Einstellungs- und Verhaltensänderungen. Unser Konsum wandelt sich: Ausgaben werden zurückgefahren,

Geld zur Seite gelegt oder anders ausgegeben, vor allem online.

Wir verbringen schlagartig mehr Zeit zu Hause, Accenture verkündet gar „the decade of the home" (*Accenture, 2020*). Es wird deutlich weniger geflogen, Reisen erfährt generell eine neue Betrachtung. Wir arbeiten anders und verbringen unsere Freizeit mit anderen Dingen und hinterfragen auch unsere Konsumentscheidungen. Nicht erst seit Corona, aber jetzt erst recht.

Die aktuellen Verhaltensänderungen spiegeln auch veränderte *Werte*-Orientierungen wider. Wo es den Menschen vor einigen Jahren noch sehr um Selbstverwirklichung und individuelle Freiheit ging, finden heute andere *Werte* rege Zustimmung.

Gerade in gesättigten Wohlstandsgesellschaften zeigt sich schon länger, dass die materielle Befriedigung von Kundenbedürfnissen nur eine, aber nicht die bestimmende Komponente gesellschaftlichen Wohlstands ist und dass viele nichtmaterielle Dimensionen an Bedeutung gewinnen, wie zum Beispiel Gesundheit, Gemeinschaft, Engagement, Natur, Sicherheit, Verantwortung.

Zu Recht beschreibt das Research-Institut GIM (Gesellschaft für Innovative Marktforschung) in seiner Studie „Der schwarze Schwan COVID-19" (*GIM, 2020/2021*), dass zukunftsrelevante Marken sich zunehmend mit den fundamentalen Themen, mit dem Rahmen menschlichen Handelns befassen: mit dem Wofür, mit Sinn, mit *Werten* und mit Systemrelevanz. Die Zeiten von Ungewissheit können so zum Sprungbrett für Veränderungen und zur Chance für die Zukunftsgestaltung werden.

Werte-Wandel als Handlungsimpuls

Veränderte *Werte* fordern anderes Handeln. In seinem Buch „Die große Transformation" sieht Prof. Dr. Uwe Schneidewind, bis 2020 Präsident des Wuppertal Instituts für Klima, Umwelt, Energie, einen grundlegenden unternehmerischen Perspektivwechsel im Zentrum zukunftsfähigen Unternehmertums.

„True Business Sustainability" – „wahre unternehmerische Nachhaltigkeit" – stellt den gesellschaftlichen Nutzen jeglicher Geschäftstätigkeit in das Zentrum von Geschäftsstrategien im 21. Jahrhundert (vgl. *Schneidewind, 2018*). Nur so werden Unternehmen ein wichtiger Motor für eine positive gesellschaftliche Entwicklung bleiben und nicht zum zentralen Verursacher ökologischer und sozialer Probleme. Umso wesentlicher ist es also für Marken, sich die Zeit zu nehmen und zu reflektieren, ob die eigene Haltung und die *Werte*, die damit verbunden sind, dazu beitragen, Gesellschaft mitzugestalten.

Sinn und *Wertstiftung* müssten spätestens jetzt zur neuen Unternehmensmaxime geworden sein, zumal zahlreiche Studien zu ähnlichen Ergebnissen kommen. Menschen wünschen sich Sinnhaftigkeit und *Werte*-Orientierung und trauen Marken dies durchaus zu, jedoch finden sie diese häufig nicht verwirklicht. So bleiben Marken im sogenannten „Purpose Paradox" hängen – eine hohe Erwartung an das Leadership durch Marken, die durch die globale Pandemie, wirtschaftliche Instabilität und anhaltende soziale Ungleichheit in den verschiedensten Bereichen noch verstärkt wird, aber dann keine Erfüllung findet.

Menschen wollen *werteorientiert* handeln ...

„65 % aller Kunden werden in ihrer Kaufentscheidung von den Werten eines Unternehmens und den Aussagen der Mitarbeiter beeinflusst."

McKinsey, 2021

„70 % einer nachwachsenden Kundengeneration äußern unmissverständlich, dass sie bei Kaufentscheidungen berücksichtigen, wie Marken sich zu gesellschaftlichen Themen positionieren."

Edelman „Earned Brands", 2018

„73 % der US-Konsumenten sagen, dass es ihnen zunehmend wichtiger ist, Produkte von Marken mit starken Werten zu kaufen. 60 % der Verbraucher suchen heutzutage häufiger nach Informationen über die Werte eines Unternehmens. Die jüngsten Generationen sind sogar noch enthusiastischer, wenn es darum geht, die Berichterstattung über Marken zu verfolgen."

Watts, Brand Prism, 2020

„71 % der Gen Z legen einen hohen Wert auf Werte. Und das nicht nur als Lippenbekenntnis, sondern in der Praxis."

Watts, Brand Prism, 2020

1. Der Hintergrund

… nur werden Erwartungen selten erfüllt.

„Weltweit gaben 94 % der Verbraucher an, dass es wichtig ist, dass die Unternehmen, mit denen sie zu tun haben, einen starken Purpose haben, und 83 % sagten, dass sie nur dann Gewinn erzielen sollten, wenn sie auch eine positive Wirkung erreichen. Während die Mehrheit der Verbraucher zustimmt, dass Unternehmen einen starken Purpose haben sollten, und bewiesen hat, dass sie diejenigen belohnen, die dies tun, glauben die meisten Verbraucher nicht, dass Unternehmen heute einen klaren und starken Purpose haben (nur 37 % tun dies).“

Zeno Group, 2020

Ein bisschen mehr Nachhaltigkeit kann es längst nicht mehr richten

Marken werden sich künftig nicht für oder gegen Nachhaltigkeit entscheiden. Dieser Aspekt wird über kurz oder lang zu einem Pflichtelement und Hygienefaktor. Eine valide Orientierung, ein realistischer Blick auf die Widersprüche und Spannungsfelder im Denken der Menschen sowie dem gesellschaftlichen Diskurs insgesamt sind ein wesentlicher Erfolgsschlüssel.

Und während der Kunde *werteorientiert* handeln will, ist das Thema auf Unternehmensseite nicht wirklich angekommen. Ein Irrtum hingegen ist, dass allein ein definierter Purpose automatisch auch Unternehmen und Kunden hinter einer Marke versammelt. Was auch daran liegt, dass – im Gegensatz zur breiteren Öffentlichkeit – Begriff und Konzept ausgerechnet für einen Großteil der Mitarbeitenden in Unternehmen nicht genau definier- oder greifbar zu sein scheinen. Und auch das Management tut sich schwer:

> *„Laut unserer Studie können lediglich rund 45 %, also weniger als die Hälfte der Studienteilnehmer, mit dem Thema etwas anfangen."*
> Kienbaum, 2020

Wir plädieren daher dafür, dass Organisation und Marke nicht allein auf ein Buzzword wie Purpose setzen – sondern den Fokus auf die richtigen Inhalte legen: auf glaubwürdige und verständliche *Werte* in ihrer Haltung Bezug nehmen und diese erlebbar machen. Denn ein Fokus auf die eigene *Werte*-Orientierung ist ein wesentliches Mittel, die Verbindung zu Menschen authentisch und nachvollziehbar zu definieren. *Werte* sind aus unserem Erleben in der täglichen Arbeit das, was Menschen und Marken verbindet und was sowohl individuelle Relevanz hat als auch gesellschaftlichen Kitt darstellt. Wenn also Purpose das oberflächliche Label ist, so sind die *Werte* der wesentliche Inhalt. Und auf den wollen wir uns konzentrieren.

Marken steht ein breites Spektrum an *Werten* zur Verfügung in Bezug auf die gesellschaftliche Rolle und Verantwortung – weit über den reinen Nachhaltigkeitsgedanken hinaus, der sich zu Recht großer Popularität erfreut, aber im Sinne einer „True Business Sustainability" auch nicht die einzige Option darstellen muss bzw. sollte.

Werteorientierte Markenführung als aktiver Gestaltungsprozess

Den Gestaltungsprozess, der dahintersteckt, nennen wir *Leitsystem für werteorientierte Markenführung*. Das Ziel ist nicht, ein bisschen Markenaktivismus in Form einer zeitlich begrenzten Haltungskampagne in die Welt zu bringen. Für all jene, die nach der schnellen Lösung suchen, die kurzfristig mehr Umsatz generiert und mit ein bisschen Sinn-Puderzucker die eigenen unternehmerischen Schwächen übertünchen wollen: Der hier aufgezeigte Weg ist nicht für euch!

Denn der Prozess erfordert Engagement und langfristiges Commitment, statt als rein taktischer Schachzug zu funktionieren. Ein Selbst-Assessment, die kritische Überprüfung der eigenen *Werte*-Orientierung, ist hilfreich, das zu erkennen. Unser Leitsystem ist für die Unternehmen, für all die Menschen im Markenmanagement gedacht, die mindestens gedanklich einen Schritt in Richtung gesellschaftlicher Mitverantwortung getätigt haben – und viele weitere Schritte folgen lassen wollen.

? *Fragen Sie sich ehrlich, in welche der drei nachfolgenden Kategorien Sie gehören. Denn der Wunsch nach Sinn und Haltung – nach werteorientierter Markenführung – braucht auch ein entsprechendes, daraus resultierendes Handeln.*

Welcher *Werte*-Typ ist Ihre Marke?

1/ Der *Werte*-Geborene: Er trägt *Werte*- und Sinnorientierung in seiner DNA, sozialer und gesellschaftlicher Impact sind Philosophie und Handlungsmaxime der Gründer und bestimmen alles, was das Unternehmen tut. Beispiele sind Patagonia, TOMS Shoes, Veya oder Ben & Jerry's – bei allen kommt die *Werte*-Orientierung von innen. **Die Konsequenz:** Das Unternehmen trägt alles, was es für eine starke Marke braucht, bereits in sich – und muss es ‚nur noch' ganzheitlich nach außen erlebbar machen. Die Basis ist gelegt, das Leitsystem kann weiter Klarheit schaffen.

2/ Der *Werte*-Reformer: Oft wird *Werte*-Orientierung von außen in das Unternehmen getragen, z. B. über ein neues Management. Damit verbunden ist ein längerer Transformationsprozess, der das gesamte Unternehmen hinter sich braucht, um zu gelingen und langfristig Früchte zu tragen. Und Kennzahlen, an denen die Neuorientierung erleb- und messbar wird. Oft sind dies größere Unternehmen, die das Thema ernsthaft angehen wie die Deutsche Telekom oder Unilever, in vielfältiger Form und über viele Jahre. Dazu können auch Unternehmen gehören, die einen ursprünglichen gesellschaftlichen Auftrag, einen Entdeckergeist in sich tragen, diesen aber über die Jahrzehnte aus dem Blick verloren haben. **Die Konsequenz:** Das Unternehmen muss sich zurechtfinden innerhalb der Substanz, die bereits da ist, um diese gesellschaftlich relevant zu entwickeln. Auch hier kann das Leitsystem ein hilfreicher Kompass sein.

3/ Der *Werte*-Bluffer: Hier werden kurzfristige Sinnkampagnen und Markenaktivismus zu populären sozialen Themen mit echter *Werte*-Orientierung verwechselt. Was maximal Kampagnenniveau erreicht und saisonal austauschbar ist, hat voraussichtlich kaum einen Effekt, weder für die Marke noch für die Ausrichtung des Unternehmens. Es wird daher auch als „Purposewashing" beschrieben und zeichnet sich dadurch aus, dass es rein marketing- und kommunikationsgetrieben ist. Erkennbar ist es oft daran, dass auf generische, aktuell populäre *Werte* gesetzt wird. Aspekte, die für jeden gleichermaßen gelten, die über kurz oder lang Hygienefaktoren sind und sich von Unternehmen zu Unternehmen nicht unterscheiden. (Das gilt aktuell speziell für wichtige *Werte* wie Toleranz, Nachhaltigkeit oder Respekt, die sich alle gern auf die Fahne schreiben – aber nicht notwendig leben.) **Die Konsequenz:** Alles auf Anfang – und zuallererst klären, wie weit es eine Bereitschaft gibt, längerfristig und tiefergehend zu arbeiten und spezifische, für alle Facetten relevante und passende *Werte* zu besetzen.

Gemeinsam aufbauen auf dem, was im Unternehmen bereits existiert

Das Leitsystem ist kein Regelwerk, sondern gedacht als praktische Hilfe zur Selbsthilfe: die Befähigung zum Selbermachen und zum geführten Markencoaching, indem sich die Markenverantwortlichen dieser Aufgabe annehmen und ein *Werte*-Set entwickeln, das gefüllt und gelebt werden kann. Die Handschrift des Unternehmens und verantwortlicher handelnder Personen ist so immer Teil der Lösung. Das heißt auch, dass hier nicht die Lösung von außen kommt, sondern dass alle Stakeholder sich und ihr Wissen aktiv mit einbringen und jeden Schritt inhaltlich mitgestalten.

Statt also durch ein extern entwickeltes Beratungskonzept die Marke um 180 Grad zu drehen, geht es um die sinnvolle Evolution dessen, was vorhanden ist. Um ein Justieren, Anpassen, um Ausrichtung, Orientierung und Antizipation der Aspekte, auf die die Marke wirkliche Antworten geben kann – damit sie künftig Treiber gesellschaftlichen Fortschritts ist und positiven Wandel mitgestaltet.

Das Leitsystem setzt nicht auf generische Konzepte und kurzfristige Hygienefaktoren, sondern baut auf *Werte*-Kongruenz. Denn mit einem hohen Maß an Überschneidungen in den eigenen *Werten* und denen, die Menschen und Gesellschaft bewegen, kann sich die Marke aus den eigenen Stärken nach vorn bewegen.

Mit diesem Leitsystem sowie mit anschaulichen Beispielen wollen wir Ihre Begeisterung wecken, den Prozess aktiv anzugehen. Aufzeigen, wie es machbar ist, zielgerichtet die bereits bestehenden Vermutungen und Erkenntnisse zu gesellschaftlicher Verantwortung und Relevanz umzusetzen. Dabei helfen, wie sich der eigene Geschäftsauftrag in die Zukunft gerichtet erfüllen lässt.

Und Antworten zu haben, die andere Marken so nicht geben können: Wettbewerbsvorteile nicht nur in Produkten, Prozessen und Services, sondern auch in *Werten* finden. Und so Zugänglichkeit und Relevanz nicht nur heute, sondern auch morgen sichern. Nicht zuletzt, um aus der für viele Marken aktuellen Commodity-Falle herauszufinden, bei der aufgrund von nahezu austauschbarem Produkt- und

? *Sie wollen das Thema Werte-Orientierung ernsthaft angehen und sind bereit, sich auf einen Weg zu begeben, um diese langfristig erfolgreich zu implementieren? Dann ist das Leitsystem für werteorientierte Markenführung genau das Richtige für Sie.*

Leistungsangebot der Preis als einziges Differenzierungsmerkmal übrig geblieben ist. So schafft das vorliegende Leitsystem einen Adaptionskompass, den Sie für sich und in Ihr Unternehmen implementieren können.

2. Das Modell

Zu viele Markenmodelle machen meschugge

Wer sich wie wir intensiver mit systematischen Markenmodellen beschäftigt, wird mit Freude oder auch Ernüchterung feststellen, dass sich in den letzten dreißig Jahren eine ganze Menge davon angesammelt haben. Gemeinsam ist ihnen, dass sie die Strategie und Architektur einer Marke schematisch abbilden wollen. Es gibt sie in unterschiedlichster Ausprägung: hierarchisch oder metaphorisch, klassifizierend, sequenziell oder zentrifugal. Gestaltet sind sie u. a. als Pyramiden, Pfeile, Tempel, Zwiebeln, Steuerräder, Prismen, Schlüssel oder Fußabdrücke – der Fantasie sind keine Grenzen gesetzt.

Ursprünglich ist ein Markenmodell ein nützliches Werkzeug, eine Art Prototyp, wie wir die Marke gerne hätten, wie sie sich verhält und wahrgenommen werden soll und wofür sie von den Menschen geschätzt wird. Es bietet einen gemeinsamen Rahmen für das, was getan werden muss, um die Dinge in die richtige Richtung zu lenken. Der Prozess der Entwicklung eines Markenmodells kann helfen, Treiber und Defizite zu identifizieren und Handlungsstandards zu setzen, an denen der Markenerfolg gemessen wird.

Allerdings gibt es (zu) viele von ihnen – und die meisten bieten vor allem einen Rahmen, aber kein System und keine Anleitung für die Anwendung. Wer sich dennoch einen ausführlicheren Überblick zu den geläufigsten Markenmodellen verschaffen will, der wird z. B. auf *www.brandholosphere.com* fündig. Der britische Psychologe und Kognitionswissenschaftler Edward de Bono, der eine Vielzahl von Kreativitätstechniken zur Findung neuer Ideen entwickelt hat, kam zu folgender Feststellung:

„Sie können nie beweisen, dass Ihr Modell das tatsächliche oder das einzig mögliche ist. Im besten Fall ... ist das Modell vergleichbar mit dem, was wir über den Gegenstand wissen, und das Modell liefert nützliche Ergebnisse. Ein anderes Modell könnte dasselbe tun. Der Wert ergibt sich aus der praktischen Anwendung."

de Bono, 2005

Eine Schwäche vieler Modelle haben wir darin beobachtet, dass sie den Anwendenden eine Menge an Fleißarbeit abverlangen, alles Mögliche zusammenzutragen, sie aber im Stich lassen, wenn es darum geht, Interdependenzen von Teilaspekten zu identifizieren und zu verdichten, sodass sich für die Marke daraus eine in sich logische Konsequenz ergibt.

Am Ende steht der Betrachter viel zu oft vor seinem gewissenhaft ausgefüllten Modell und fragt sich dennoch: „Und nun?"

Das Leitsystem für *werteorientierte Markenführung* macht einiges anders

Was zählt, ist die praktische Anwendung, resümierte de Bono zu Recht. Und da stoßen wir auf die eine oder andere Ernüchterung, wenn sich ein Modell als zu analytisch, wortreich, abgehoben oder prozedural fixiert erweist. Viele Modelle heißt bisher vor allem: viele verschiedene Formen, Formeln und Begrifflichkeiten.

Mit dieser Erkenntnis im Hinterkopf haben wir uns darangesetzt, das *Leitsystem für werteorientierte Markenführung* als alternatives Markenmodell zu entwickeln und in die Diskussion zu bringen. Tatsächlich ist es mehr als nur ein weiteres Modell. Es ist

ein System – mit ausreichend Impulsen und konkreten Tipps, es sinnvoll und nutzenstiftend anzuwenden, statt einfach nur Felder auszufüllen ohne erkenn- und greifbares Ergebnis. Eine Anleitung zum Denken und Arbeiten. Ein Modell, das sich ableitet aus den im ersten Kapitel skizzierten Überlegungen zur zunehmenden Bedeutung von *Werten* im Zusammenspiel von Marke, Mensch, Gesellschaft und Wettbewerb.

Das *Leitsystem für werteorientierte Markenführung* ...

> **... beruht auf dem Prinzip der "Simplexity".**
> Eine Marke richtig zu positionieren ist ohne Zweifel ein komplexes Unterfangen, weil es so viele Parameter zu berücksichtigen gilt. Umso wichtiger ist es, den Mut zu haben, Dinge auch zu depriorisieren und aus der Betrachtung zu streichen. Maximale Verdichtung und Einfachheit sind angesagt.

> **... verzichtet bewusst auf semantisches Feintuning.**
In den letzten Jahren wurden so viele Buzzwords geprägt, dass selbst die Marketinglehranstalten den Überblick verloren haben und sich bei unterschiedlichen Interpretationen von Markenvision, Markenmission, Markenpurpose, Markenkern, Markenversprechen, Marken-DNA etc. ertappen lassen. Hier gibt es kein richtig oder falsch, sondern nur die Gefahr, sich unnötig zu verhaspeln.

> **... zielt im Kern darauf ab, „die eine", aber alles entscheidende Frage zu beantworten,** die aus Nutzer-, Gesellschafts- und Marken-perspektive wirklich relevant ist: *Wofür will sich die Marke stark machen?* Die Formulierung einer Willensbekundung ist absichtlich ge-wählt, um deren Verfassern eine kritische Selbstreflexion hinsichtlich der Zukunftsfähigkeit und der Ernsthaftigkeit bei der späteren Ablei-tung konkreter Umsetzungsmaßnahmen abzuringen.

> **... ist maximal anwendungsorientiert,** indem es das Fundament für eine starke Markenstory setzt. Eckpfeiler einer starken Markenstory ist das Verständnis von Marke und Nutzenden als „Verbündeten", die in unterschiedlichen Rollen gemeinsam auf einen Zielzustand hin-arbeiten. (Wenn man an dieser Stelle unbedingt ein Buzzword be-mühen wollte, wäre es unserer Meinung nach am ehesten „Shared Purpose".) Aufgeklärte Nutzende von Marken verstehen sich nicht nur als Empfangende (von Botschaften) und als Konsumierende, sondern zunehmend auch als Sendende (von Wünschen und Erwartungen) und Mitgestaltende.

> **... bietet ein Set von praktischen Tools.** Wir haben uns für einen *Werte*-Canvas entschieden, weil er mit seiner vorstrukturierten Form klar aufzeigt, welches die Einflussfaktoren sind, um die zentrale Frage zu beantworten: „Wofür will sich die Marke stark machen?" Es gibt zahlreiche Canvas-Modelle. Im Kern stellen sie ein kompaktes und einfach vorstrukturiertes Plakat zur Definition und Darstellung eines Management-Sachverhaltes dar. Das bekannteste ist vermutlich der Business Model Canvas *(vgl. auch https://www.projektmagazin.de/ glossarterm/business-model-canvas)*. Das praktische Arbeitstool bietet für alle vier Einflussfaktoren – Marke, Mensch, Gesellschaft und Wett-bewerb – ein Set aus Fragen, die bei der Antwortfindung unterstützen. Ergänzt wird es durch eine *Werte*-Matrix, die hilft, alle Antworten auf die Fragen in einen *werteorientierten* Kontext zu setzen. Ebenso unterstützt es dabei, einen *Werte*-Match von markenspezifischen mit gesellschaftlichen *Werte*-Dimensionen zu identifizieren.

Mit den richtigen Fragen Erstaunliches erkennen

Strategisch zu denken heißt primär, Fragen zu stellen. Die Professoren Ingolf Bamberger und Thomas Wrona, Autoren des Standardwerks „Strategische Unternehmensführung" stellen nicht ganz unironisch fest:

> *„Manager suchen oft das Ähnliche und Vertraute, so erklärt sich die große Anziehungskraft von Benchmarking. Manager lieben Parallelen, Modelle und Analogien. Aber das wirklich Neue ist nicht das Bekannte, sondern das Fremde."*
>
> Bamberger, Wrona, 2012

Das Schöne an gut gestellten Fragen besteht darin, dass sie Unsicherheiten akzeptieren und einbeziehen und allein durch das ausgelöste Nachdenken Impulse für Neues setzen können. Gute Fragen sind Zündhilfen, die die Leidenschaft und Energie der Anwenderinnen des *Leitsystems für werteorientierte Markenführung* anheizen.

Im Zentrum:
Wofür die Marke sich stark macht

Die zentrale Aussage des *Werte*-Canvas dreht sich also um die Frage, „wofür die Marke sich stark machen will". (Wer es gerne etwas dramatischer mag, könnte auch formulieren: „Wofür brennt die Marke?")

Wesentlich für die inhaltliche Qualität der Antwort auf diese Frage ist die *wertebasierte* Betrachtung und sinnvolle Verknüpfung der vier Einflussfaktoren:

- ▸ Worauf legt der Mensch *Wert*?
- ▸ Was sind die *Wertvorstellungen* der Gesellschaft?
- ▸ Was ist im Wettbewerb *bemerkenswert*?
- ▸ Was macht meine Marke besonders *wertvoll*?

Denn hinter jeder dieser Fragen verbirgt sich nach unserer Überzeugung eine relevante, branchenspezifische Wahrhaftigkeit. In diesem Zusammenhang sehen wir bewusst davon ab, auf dieser Ebene vom Kunden oder von der Konsumentin zu sprechen, da immer auch Nichtkunden und Noch-nicht-Konsumentinnen mitgedacht werden müssen. Wenn wir hier also vermeintlich generalistisch vom „Menschen" reden, dann meinen wir dessen Wünsche

im Kontext der zu betrachtenden Branche (also z. B. als reisender, sporttreibender, heimwerkender oder computeraffiner Mensch).

Kurzum: Wofür eine Marke sich stark machen will, ergibt sich aus dem *Werte*-Match der vier Einflussfaktoren (*siehe Kapitel 3*).

Darauf legt der Mensch Wert

Das sind Wertvorstellungen in der Gesellschaft

Dafür wollen wir uns stark machen

Das macht unsere Marke besonders wertvoll

Das ist im Wettbewerb bemerkenswert

Zentrum Werte-Canvas

Men

Kundenperspektive

- Wie lassen sich unsere Kunden beschreiben?
- Worauf legen unsere Kundinnen zunehmend Wert?
- Was wollen unsere Kunden wirklich? Was sind ‚höhere' Ziele, die sie erreichen wollen?

Mitentscheider

- Wer beeinflusst die Entscheidungen unserer Kunden mit? Worauf legen diese Personen/Gruppen zunehmend Wert?

Werte-Kanon

- Welche Werte der Gesellschaft sind für uns und unser Business wichtig?
- Welche (zusätzlichen) Werte können uns Aufwind geben?
- Welche (zusätzlichen) Werte könnten für uns zum Problem werden und warum?

Markenbezug

- Wie decken sich unsere Werte mit denen der Gesellschaft?
- Auf welche großen gesellschaftlichen Fragen haben wir bereits Antworten oder können etwas zur Lösung beitragen?
- Warum können wir die in uns gesetzten Erwartungen besser erfüllen als andere?

Darauf legt de

Das sind Wertvorstellungen in der Gesellschaft

Dafür wol stark

Das ist im beme

Marke im Wettbewerb

- Sind wir Marktführer (Verteidiger) oder Challenger (Angreifer)?
- Was machen wir anders/besser als andere?
- In welchem „einen Punkt" sind wir unseren Wettbewerbern überlegen?
- Welche Wettbewerbsvorteile könnten wir bei qualitativ und preislich gleichem/ähnlichem Angebot geltend machen?

Wettbe

Markenbezug

- Wie bereichern wir das Leben unserer Kunden?
- Was schätzen unsere Kundinnen besonders an uns?
- Was schätzen sie nicht?
- Was macht unsere Kunden und uns zu Verbündeten? Wie sind die jeweiligen Rollen verteilt?
- Welche gemeinsamen Werte teilen wir mit unseren Kundinnen?
- Decken sich Kundenerfahrungen mit den Kundenerwartungen? Wenn dem nicht so ist, woran liegt das? Wo müssen wir evtl. angebotsseitig nachbessern?
- Was hält Nichtkundinnen davon ab, unsere Marke zu kaufen?

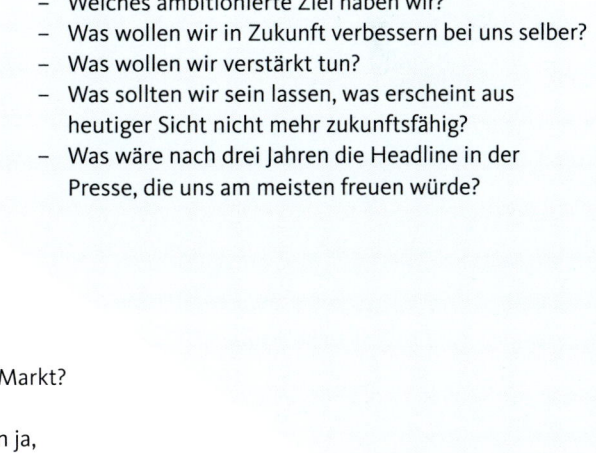

Mensch Wert

en wir uns machen

Das macht unsere Marke besonders wertvoll

Wettbewerb
kenswert

Gestern

- Wo sind unsere Wurzeln, ist unser Ursprung? Aus welcher Motivation sind wir einmal gegründet worden?
- Was hat uns ursprünglich erfolgreich gemacht?
- Was haben wir auch mal verbockt?

Heute

- Was sind spezifische Markensignale, die wir aussenden? Gibt es differenzierende Markenelemente?
- In welcher Rolle treten wir auf, und wie werden wir wahrgenommen?
- Was sind Dinge oder Themen, auch ganz kleine, die wir tun oder für die wir uns einsetzen, auf die wir wirklich stolz sein können?
- Was motiviert Menschen, bei uns arbeiten zu wollen? Was finden Mitarbeiterinnen toll an uns?

Morgen

- Welches ambitionierte Ziel haben wir?
- Was wollen wir in Zukunft verbessern bei uns selber?
- Was wollen wir verstärkt tun?
- Was sollten wir sein lassen, was erscheint aus heutiger Sicht nicht mehr zukunftsfähig?
- Was wäre nach drei Jahren die Headline in der Presse, die uns am meisten freuen würde?

Markt

- Welche neuen Angebote und Anbieter verändern den Markt?
- Vor welchen Herausforderungen stehen wir?
- Gibt es Impulsgeber im Markt, die wir beneiden? Wenn ja, warum konkret?
- Was sind Wachstumsmärkte, die wir z. B. durch Erweiterung unserer Positionierung erobern könnten?

2. Das Modell

Um das Zentrum des *Werte*-Canvas herum sind ergänzende Fragen angesiedelt, die zu den vier Einflussfaktoren Marke, Mensch, Gesellschaft und Wettbewerb hinführen (*vgl. Übersicht des gesamten Werte-Canvas auf den beiden vorherigen Seiten*). Unser Anspruch bei deren Formulierung: Sie sollen in Erstaunen versetzen, damit Erkenntnisse zum Vorschein kommen, die bis dahin im Dunkeln lagen bzw. derer man sich bisher nicht bewusst war.

Machen Sie den Test: Was geht Ihnen durch den Kopf, wenn Sie im Kontext Ihrer Marke über folgende Fragen nachdenken?

- ▸ Wo sind unsere Wurzeln? Aus welcher Motivation sind wir einmal gegründet worden?
- ▸ Was sind Dinge oder Themen, auch ganz kleine, die wir tun oder für die wir uns einsetzen, auf die wir wirklich stolz sein können?
- ▸ Wie bereichern wir das Leben unserer Kunden?
- ▸ Welche gemeinsamen *Werte* teilen wir mit unseren Kundinnen?
- ▸ Auf welche großen gesellschaftlichen Fragen haben wir bereits Antworten oder können etwas zur Lösung beitragen?
- ▸ In welchem „einen Punkt" sind wir unseren Wettbewerbern überlegen?
- ▸ Gibt es Impulsgeber im Markt, die wir beneiden? Und wenn ja, warum konkret?
- ▸ Was wäre in drei Jahren die Headline in der Presse, die uns am meisten freuen würde?

Wir haben beobachtet, dass bei vielen Unternehmen das Verständnis vorherrscht, den Kern einer Marke am vermeintlich treffsichersten mit drei bis vier Attributen beschreiben zu können, oft bezeichnet als „Markenwerte". Davon raten wir aus mehreren Gründen ab:

> **Attribute sind nicht eindeutig,** da sie zu viele persönliche Interpretationsspielräume lassen. Nehmen wir z. B. das Adjektiv „dynamisch". Das kann „sportlich" meinen, aber genauso gut „dehnbar" oder „flexibel". Oder „innovativ": Bezieht sich der Begriff auf neue Produkte oder z. B. auf eine bestimmte Verfahrenstechnik?

> **Attribute sind austauschbar,** ganz gleich in welcher Konstellation. Würde man beispielsweise einem Hersteller von Heiztechnik attestieren, dass ausgerechnet nur er sich die drei Adjektive „unternehmerisch", „verantwortlich" und „teamorientiert" auf die Fahne schreiben kann?

> **Attribute sind nicht merkfähig,** da bei der Vielzahl von Anlässen (Launches, Messen, Events, Eigentümerversammlungen etc.) ein Unternehmen gar nicht die Disziplin aufbringen kann, ausgerechnet immer nur die auserkorenen Begriffe zu verwenden. Fragen Sie Ihre Mitarbeitenden mal nach den verbindlichen Markenwerten, die Sie ihnen vielleicht schon über Jahre eingetrichtert zu haben glaubten, wenn gerade andere Begriffe als wesentlicher Bestandteil einer produktbeschreibenden Einführungskampagne durch die internen und externen Medien gejagt worden sind. Keine Chance!

> **Attribute sind zu abstrakt,** um sich in der Praxis als nützlich zu erweisen, weil sie eben nicht klar vermitteln, wofür eine Marke steht. Womit wir – frei nach de Bono – wieder an dem Punkt wären, dass es nicht die Form oder nur die Logik eines Markenmodells ist, die zählt, sondern das, was in das Modell hineingeht.

Die inhaltliche Qualität hängt auch eng mit der dramaturgischen Qualität der Formulierung zusammen. Sie muss Mitarbeitende inspirieren, Kundschaft magnetisch anziehen und Partner begeistern. Der Kontext der Erzählung muss eine menschliche, nicht eine institutionelle Beziehung sein.

Wie kommen wir also auf eine sinnvolle Aussage, die sich schlüssig aus allen Antworten zu den vier Einflussfaktoren ableiten lässt?

Werte-Matching: Von vielen Fragen zur Gewichtung der Antworten

Wir kommen in den folgenden Kapiteln noch ausführlicher auf den gesamten Prozess zur Anwendung des *Leitsystems für werteorientierte Markenführung* inklusive hilfreicher Tipps und Checklisten zu sprechen. Vorab aber so viel: Hat man die hinführenden Fragen im äußeren Rahmen des *Werte*-Canvas für sich und dann in einer Workshop-Gruppe mit eigenen Worten ausführlicher beantwortet, geht es in einem zweiten Schritt darum, diese Antworten maximal zusammenzufassen. Für die Auswertung und Ordnung der Fragen und ihrer Antworten ist es wesentlich, einen Nordstern zu haben. Für uns ist das in diesem Leitsystem eine fundierte *Werte*-Matrix: *Werte*, die gesellschaftlich und individuell von Bedeutung sind – und das nicht nur im Moment, sondern ganzheitlich. Dafür bedienen wir uns pro Antwort möglichst weniger *Werte*-Begriffe aus der *Werte*-Matrix (*siehe nächste Abbildung*). So finden Sie zügig eine gemeinsame Basis, auf der Sie als Team *Werte* definieren und miteinander in Beziehung bringen können.

Wertvorstellungen – kurz *Werte* – bezeichnen im allgemeinen Sprachgebrauch als erstrebenswert oder moralisch gut betrachtete Eigenschaften bzw. Qualitäten, die Objekten, Ideen, praktischen bzw. sittlichen Idealen, Sachverhalten, persönlichen Motiven und Handlungsmustern, Charaktereigenschaften oder auch Gütern beigemessen werden.

Werte sind seit jeher ein zentrales Element unseres kognitiven Systems. Während Einstellungen immer in Bezug auf bestimmte Objekte oder Situationen vorhanden sind, bilden *Werte* die Basis, die fest verankert in uns steuert, wie und warum wir bestimmtes Verhalten – auch in Bezug auf Konsum – zeigen (*vgl. Watkins, Gnoth, 2005*).

Die *Werte*-Matrix deckt das gesamte Spektrum möglicher *Werte* ab. Das Spannende an ihnen ist, dass sie nicht auf ewig festgelegt sind, sondern je nach Umweltbedingungen und persönlicher Entwicklung einem stetigen Wandel unterliegen. Eindrücklich wird uns das während der Coronapandemie vor Augen geführt, in der *Werte* wie Gesundheit, Gemeinschaft, Freiheit oder Verantwortung besonders hochgehalten werden. Dabei sind Bedürfnisse und *Werte* zwar teils deckungsgleich – aber nicht jedes Bedürfnis ist auch gleichzeitig ein *Wert*. So sind physische, sensorische oder aktionale Bedürfnisse vor allem individuell. Hingegen sind soziale und ideelle Bedürfnisse wie zum Beispiel Freundschaft, Familie,

Kooperation, Selbstverwirklichung oder Freiheit auch *Werte* und stellen dar, was im interpersonellen Dialog entsteht (*vgl. D3EP, 2020*).

Werte sind damit eine Interpretation der Welt, die gleichzeitig kollektiv und individuell ist. Wo Bedürfnisse eine Antwort auf die Frage „Was brauche ich wirklich als Mensch?" geben, bilden *Werte* einen gesellschaftlichen, konsensorientierten Dialog zwischen Menschen – und möglicherweise auch Unternehmen – ab. Ein Dialog, der auf Basis auch der individuellen Bedürfnisse geführt wird. Welche *Werte* entstehen, hängt u. a. stark von den äußeren Lebensumständen ab. *Werte* sind somit der Kitt, der eine Gemeinschaft oder Gesellschaft auf individueller und gemeinschaftlicher, auf kultureller, politischer und wirtschaftlicher Ebene überhaupt erst zusammenhält.

Es gibt zahlreiche Definitionen und Studien zu *Werten* und ebenso viele *Werte*-Systeme (*siehe www.wertesysteme.de*). Die *Werte*-Matrix, die wir im Leitsystem für *werteorientierte Markenführung* nutzen, ist eine Quintessenz aus den bekanntesten und geläufigsten, wissenschaftlich fundierten *Werte*-Systemen (*u. a. der Werte-Kreis nach Shalom H. Schwartz und das Werte-Modell nach Clare W. Graves*).

Wir haben die Begriffe miteinander abgeglichen und – wo notwendig – umformuliert, sodass sie einfach und verständlich auf Individuen, Gesellschaften und auch Marken und Organisationen anwendbar sind.

Herausgekommen ist ein Koordinatensystem, in dem gut 80 *Werte* – verteilt auf zehn *Werte*-Cluster – verortet sind: Die X-Achse gibt an, ob ein *Wert* eher Wir- oder Ich-orientiert ist, und die Y-Achse, ob ein *Wert* eine eher verändernde oder bewahrende Ausprägung hat.

Dr. Christian Scheier, einer der wenigen Neuropsychologen weltweit, der Forschung und Praxiskompetenz in der Marketingberatung kombiniert, weist in einem persönlichen Gespräch mit den Autoren darauf hin, dass es in der Neurowissenschaft eine Verbindung zwischen dem *Wert*- und dem *Value*-Begriff gibt:

> *„Es ist schlicht so, dass das Gehirn darauf aus ist, Value zu maximieren. Value kann dabei konkret fassbar sein – wie den Durst über ein Getränk löschen – oder aber auf höhere Ziele Bezug nehmen. Marken vermitteln ebenfalls Values, also Werte in diesem Sinne."*
>
> Scheier, 2021

Verän

SELBSTBESTIMMUNG

Kreativität   Unabhängigkeit

Neugier   Freiheit

Spiritualität

Natur

Nachhaltigkeit

ABENTEUER

Fantasie   Mut   Vielfalt

Inspiration   Erlebnis

GENUSS

Optimismus

Humor

Sinnlichkeit

Intimität

Ich

LEISTUNG

Entwicklung   Ehrgeiz   Erfolg

Intelligenz

Innovation

Wissen

Zielstrebigkeit   Kompetenz

Engagement

TRADITION

Dankbarkeit

Demut

MACHT

Anerkennung   Status

Dominanz   Einfluss

Autorität   Kontrolle   Stärke

Bewa

dern

hren

Wir

Fairness Toleranz Frieden

GANZHEITLICHKEIT Gleichheit

Gerechtigkeit Wahrheit

Schönheit

Freude

Gelassenheit

Liebe Ehrlichkeit Großzügigkeit

Sinn Verantwortung Freundschaft

Glück **GEMEINSINN** Kooperation

Treue Solidarität Empathie

Hilfsbereitschaft Harmonie

Gesundheit Fürsorge Gemeinschaft

Nähe Vertrauen Familie

SICHERHEIT Verbindung

Zugehörigkeit Stabilität

Einfachheit

Wohlstand Geborgenheit Fleiß

Vernunft **DISZIPLIN** Anstand

Ordnung Höflichkeit

2. Das Modell

Die Frage „Was wollen unsere Kunden wirklich, was sind ‚höhere' Ziele, die sie erreichen wollen?" könnte aus der Sicht der Deutschen Telekom beispielsweise so beantwortet werden:

„Besondere Momente, Erlebnisse und Erfahrungen, Wissen, Ideen und Meinungen mit denen teilen, die ihnen wichtig sind; Beziehungen eingehen und pflegen, mit von der Partie sein wollen und nicht außen vor."

Werte, die jedem dazu vermutlich sofort einfallen, sind Verbindung, Zugehörigkeit, Erlebnis.

Es ist hilfreich und daher beabsichtigt, dass *Werte* über alle Fragen bzw. Antworten hinweg mehrfach vorkommen.

Wenn wir uns dann anschauen, welche *Werte* kumuliert für jeden der Einflussfaktoren Marke, Mensch, Gesellschaft und Wettbewerb im Zentrum des *Werte*-Canvas am häufigsten genannt worden sind, können wir ersehen, welcher *Werte*-Match sich innerhalb und zwischen diesen vier „Word-Clouds" ergibt. Dieser *Werte*-Match liefert die Grundlage für die Formulierung, „wofür sich die Marke stark machen will".

Die *Werte*-Matrix eignet sich sehr gut, auch jeweils die Sicht von verschiedenen Stakeholdern und Abteilungen auf dasselbe Unternehmen abzubilden und dann zu visualisieren, ob bzw. wie stark und wo genau die Sichtweisen auf die eigene Marke übereinander oder auseinander liegen.

Hier sehen wir einen zentralen Mehrwert der *Werte*-Matrix: vergleichende Analysen und Betrachtungen anstellen zu können – z. B. die eigene Marke vs. Wettbewerber, Sicht Abteilung A vs. Sicht Abteilung B. Denn am Ende kann eine Neuorientierung nur dann Erfolg haben, wenn wirklich alle dasselbe (Selbst-)Verständnis haben, wo die Marke aktuell steht – und wo es hingehen kann.

Am Beispiel der Deutschen Telekom ergibt sich der Match aus den *Werten* Gemeinschaft, Zugehörigkeit, Verbindung, Optimismus und mündet in dem Kernsatz: „Wir geben uns erst zufrieden, wenn alle an den Möglichkeiten der Digitalisierung teilhaben können."

3. Der Prozess

Gute Vorbereitung ist die halbe Workshop-Miete

Die Anwendung des Leitsystems erfolgt in den Schritten Vorbereitung, Workshop und Ableitung von konkreten Umsetzungshilfen für die praktische Arbeit. Bei letzteren haben wir uns kürzergefasst, da die konkreten Maßnahmen erfahrungsgemäß recht unternehmens- und branchenspezifisch sind.

Wesentlich für ein erfolgreiches Projekt ist das Involvement eines passenden Personenkreises, der sich in einem oder mehreren Workshops intensiv mit der Thematik beschäftigt. Wählen Sie daher als Projektinitiatorin oder Markenverantwortlicher sorgfältig die Teilnehmenden aus: Menschen, die verschiedene Bereiche mit unterschiedlichen Blickweisen repräsentieren und möglichst divers in jeder Hinsicht sind, nicht nur in Bezug auf Geschlecht und Alter, auch bezüglich ihrer Unternehmenszugehörigkeit und Rolle – Langgediente und Neuzugänge, Führungskräfte und Teammitglieder, je nach Markt national und/oder international etc. Die nachfolgenden Tipps gelten für alle Workshop-Teilnehmenden.

Gehen Sie unbedingt gut vorbereitet in den Workshop, d. h. notwendige Recherchen sollten Sie schon erledigt haben, beispielsweise das Wissen um Unternehmens- und Markeninformationen zu

▸ *Werte*-Kanon,
▸ Leitbild,
▸ Code of Conduct (Verhaltenskodex),
▸ Jahresbericht,
▸ Herkunftsstory,
▸ Experten- oder Kundenbeiräten,
▸ bereits existierenden sozialen Engagements oder Unterstützung bestimmter gemeinnütziger Organisationen.

Nutzen Sie vor allem auch das interne Mitarbeiterwissen. Hier findet sich oft ein wahrer Schatz an interessanten Erkenntnissen und Sichtweisen. Außerdem kann das Kundenerlebnis nie besser als das Mitarbeiterinnenerlebnis sein. Deshalb fängt das rechtzeitige „Involvement" mit den Kolleginnen und Kollegen an.

Reservieren Sie sich für Ihre individuelle Vorbereitung zwei bis drei Stunden. Machen Sie sich im Vorfeld bereits Gedanken über drei Stärken, von denen Sie annehmen, dass sie für die zukünftige Ausrichtung der Marke von treibender Kraft sein könnten, und grooven Sie sich auf diese Weise in die Thematik ein.

Nehmen Sie nicht am Workshop teil, wenn Sie keine Lust dazu haben und vor allem nicht, wenn Sie nicht von der Notwendigkeit überzeugt sind, Ihre Marke 360° selbstkritisch zu beleuchten und daraus die richtigen Schlüsse für die Zukunft zu ziehen.

Gönnen Sie sich eine professionelle, unabhängige Moderation, die diszipliniert durch den Workshop führt, damit Sie und die anderen Teilnehmenden sich zu 100 % auf die Beantwortung der Fragen aus dem *Werte*-Canvas konzentrieren können.

Als Projektinitiator oder Markenverantwortliche tragen Sie dafür Sorge, den Moderator oder die Moderatorin mit dem *Leitsystem für werteorientierte Markenführung* in Inhalt und angestrebtem Ergebnis vertraut zu machen. Selbstverständlich können Sie auch einen der beiden Autoren des Leitsystems damit beauftragen.

Sorgen Sie auch dafür, dass alle Teilnehmenden dem Projekt eine Priorität im Arbeitsalltag zusichern – und blockieren Sie ausreichend freie Zeit. Am besten an einem Ort, der jenseits des Tagesgeschäfts liegt und ungestörtes Arbeiten möglich macht. Die Konzentration und der Fokus auf das Thema als gemeinsames Commitment des Projektteams sind wesentliche Erfolgsbausteine.

Los gehts mit Neugier, Offenheit und guter Laune

Bringen Sie Ihr Wissen um die Marke mit in den Workshop, aber lassen Sie sich auch darauf ein, dass Sie Unbekanntem begegnen werden und dass es viel Verborgenes gibt, das erst im Team ans Licht gebracht wird. Neue Erkenntnisse ergeben sich durch die unterschiedlichen Perspektiven der Teilnehmenden sowie durch die Verknüpfung bisheriger, vermeintlich nicht zusammenhängender Teilaspekte. Denken Sie auch das Unmögliche, der Fantasie sind nur die Grenzen Ihres Vorstellungsvermögens gesetzt.

Arbeiten Sie sich in Teams von außen nach innen durch die auf die vier Einflussfaktoren Marke, Mensch, Gesellschaft und Wettbewerb verteilten Fragen vor. Haben Sie keine Angst vor der Fülle und Tiefe der Fragen – Sie werden sehen, wie sich am Ende alles verdichtet. Beantworten Sie die Fragen einfach, wie Ihnen „der Schnabel gewachsen" ist. Je authentischer und weniger gequält, umso besser für die spätere Komprimierung und Auswertung.

Versuchen Sie sich dabei in möglichst knappen und fokussierten Antworten. In Kapitel 4 finden Sie zu einer Vielzahl der Fragen ergänzende Denkanstöße, falls Ihr Gehirn nicht gleich auf Touren kommt. Setzen Sie die Teamarbeit so auf, dass es nach mehreren Runden zu jeder Frage nur eine bis zwei Antworten gibt. Erzwingen Sie aber keinen Konsens, wo einzelne Teilnehmende eine Antwort ins Spiel bringen, die diametral zu den Antworten der anderen ist. Oft liegt in diesen „Querschlägern" Potenzial für alternative Spielfelder zur Positionierung der Marke. Es lohnt sich daher ausdrücklich, auch nichtkonforme Antworten aufzubewahren und zu einem späteren Zeitpunkt noch mal ins Visier zu nehmen.

Mut zur Lücke: Verdichten und weglassen

Führen Sie sich erneut die Anleitungen zum *Werte*-Matching vor Augen. Mit Hilfe der *Werte*-Matrix werden die Antworten maximal auf wenige Begriffe verdichtet. Wichtig: Je häufiger dieselben *Werte* auftauchen, desto sichtbarer wird, dass es hier ein relevantes Spielfeld gibt.

Die nachfolgende Abbildung zeigt exemplarisch die Beantwortung von zwei Fragen aus dem *Werte*-Canvas zu den Einflussfaktoren Marke und Mensch anhand der Deutschen Telekom sowie die Verdichtung

der Antworten auf wenige Werte aus der *Werte*-Matrix:

Zählen Sie die *Werte*-Begriffe pro Einflussfaktor aus und gewichten Sie sie entsprechend. Vergleichen Sie die Gewichtungen der Faktoren Marke, Mensch, Gesellschaft und Wettbewerb im Zentrum des *Werte*-Canvas miteinander und legen Sie sie übereinander: Bei welchen *Werten* zeigen sich die meisten Überschneidungen (das *Werte*-Matching), wo tauchen nur einzelne, vernachlässigbare *Werte* auf? Gibt es einen

Darauf legt der Mensch Wert
Wie bereichern wir das Leben unserer Kunden?

Wir ermöglichen Teilhabe an den Chancen der Digitalisierung und damit gemeinsame Erlebnisse und innige Beziehungen zwischen den Menschen.

Wir geben den Menschen Orientierung und Zuversicht, wie sie sich in einer zunehmend technologisierten Zukunft auch weiterhin zurechtfinden. Und tragen damit auch zur Absicherung ihres Wohlstands bei, wenn in Zukunft fast jeder Lebensbereich, privat und beruflich, in irgendeiner Form digitalisiert sein wird.

Verdichtung auf Werte

Gemeinschaft   Zugehörigkeit

Verbindung   Nähe   Stabilität

Optimismus   Erlebnis

Das macht unsere Marke besonders wertvoll
Welches ambitionierte Ziel haben wir?

Führend im Kundenerlebnis (volldigitalisiert und einfach), „tadelloser" Omnichannel-Service, Motor sein beim Ausbau von integrierten, sicheren und klimaneutralen Gigabit-Netzen (Glasfaser, 5G), führend beim Internet der Dinge.

Auf dieser technologischen Basis die Chancen der Digitalisierung für jeden (privat und beruflich) erschließen, wieder mehr Perspektive und eine positive Sicht auf die Zukunft bieten sowie einer gesellschaftlichen Spaltung entgegentreten.

Verdichtung auf Werte

Stärke   Innovation   Empathie

Einfachheit   Gerechtigkeit

Zugehörigkeit   Optimismus

3. Der Prozess

eindeutigen Sieger, oder kristallisieren sich womöglich noch ein oder zwei weitere „Matches" heraus (*vgl. Abbildung*)?

Werte-Matching

Es kann durchaus sein, dass das *Leitsystem für werteorientierte Markenführung* Sie zu alternativen Optionen führt, die jede für sich gangbar ist. Das ist dann im Nachgang unter Berücksichtigung der Einschätzung von Realisierbarkeit und Glaubwürdigkeit im Team zu diskutieren und zu bewerten.

Füllen Sie nun für jede Option das Zentrum des *Werte*-Canvas aus, indem Sie auf Basis der weitestgehend übereinstimmenden *Werte* aller vier Einflussfaktoren knapp und pointiert formulieren,

> ▸ worauf der Mensch *Wert* legt,
> ▸ was die *Wertvorstellungen* in der Gesellschaft sind,
> ▸ was im Wettbewerb *bemerkenswert* ist,
> ▸ was die Marke besonders *wertvoll* macht,

um dann als Quintessenz im Kern abzuleiten, „wofür sich Ihre Marke stark machen will". In Kapitel 4 finden Sie zur Veran-

schaulichung das ausführlich durchdeklinierte *Leitsystem für werteorientierte Markenführung* anhand der Deutschen Telekom sowie weitere Beispiele zum Zentrum des *Werte*-Canvas von anderen Marken. Die Sportartikelmarke Nike formuliert das, „wofür sie sich stark machen will", übrigens so: „Bring inspiration and innovation to every athlete* in the world. *If you have a body, you are an athlete."

Nike selbst nennt das auf der Homepage (*www.nike.com*) „our mission". Die Bezeichnung ist aber nicht von Belang. Wichtig ist hingegen, wie hier die jeweiligen Rollen auf Augenhöhe definiert werden (wir bringen die Schuhe, die Ausrüstung und die Kleidung – ihr bringt euren Antrieb, eure Disziplin und euren Wettkampfgeist mit). Es ist eine Erzählung, die weit über die Produkte, die Nike verkauft, hinausgeht. (*Vgl. ergänzend den Hinweis auf die maximale Anwendungsorientiertheit des Leitsystems für werteorientierte Markenführung in Kapitel 2.*)

Das Nike-Beispiel zeigt, warum wir der Meinung sind, dass „Shared Purpose" den Kern des *Leitsystems für werteorientierte Markenführung* vermutlich am besten trifft. Übrigens: Dieser eine Satz war auch der Ausgangspunkt für Nikes Markenslogan „Just do it.". Was einmal mehr unterstreicht, welche motivatorische Kraft von einer inspirierenden Formulierung ausgehen kann. Weitere gute Beispiele, wofür Marken sich stark machen, finden Sie in Kapitel 4.

Der Wahrhaftigkeits-Check

Authentische Kundenbeziehungen herzustellen ist eine große Herausforderung, und nur wenige Marken kommen tatsächlich über das pure Messaging hinaus. Warum? Weil der Wille zu echten Beziehungen fest in der Unternehmenskultur verankert sein muss.

Eine Organisation dazu zu bewegen, offenere und vertrauensvollere Beziehungen in der täglichen Kundenerfahrung zu schaffen, erfordert harte Arbeit – die Etablierung von organisatorischen *Werten* und (Selbst-)Verpflichtungen, die wirklich kundenorientiert sind, sowie deren Umsetzung in die tägliche Entscheidungsfindung der Führungskräfte und das Verhalten der Mitarbeitenden. Marken, die den Ansprüchen *werteorientierter Markenführung* genügen, zeichnen sich durch folgende Verhaltensregeln aus:

▶ Sie haben ein tiefes Einfühlungsvermögen in den Kunden. Sie reden und handeln wie Menschen.
▶ Sie sind offen, echt und stehen auch zu ihren Fehlern.
▶ Sie reagieren flexibel und experimentierfreudig auf das, was kommt, statt alles kontrollieren zu wollen.
▶ Sie setzen darauf zu inspirieren, statt nur beeinflussen zu wollen.
▶ Sie vereinfachen, um Transparenz zu vermitteln.
▶ Sie befähigen jede einzelne Person dazu, eine mögliche Botschafterin oder ein Repräsentant der Marke zu sein.
▶ Sie setzen auf Zusammenarbeit und sind offen für Kooperationen.

? *Prüfen Sie gewissenhaft, ob Ihre Organisation das, „wofür sich ihre Marke stark machen will", tatsächlich liefern kann, d. h., ob sie über die richtige mentale Einstellung verfügt und willens ist, die notwendigen Schritte im Handeln einzuleiten, damit es nicht nur bei einer Ankündigung oder einem bloßen Versprechen bleibt. Die Wahrhaftigkeit werteorientierter Marken wird an ihren Taten gemessen, nicht an ihren Worten.*

Grünes Licht: Das *Leitsystem für werteorientierte Markenführung* als Handlungsbegleiter

Mit der Beantwortung der Kernfrage, „wofür die Marke sich stark machen will", liefert das Modell im Erfolgsfall die Grundlage für alle weiteren konkreten markenbezogenen Ableitungen, die aus der Theorie in die praxisnahe Anwendung führen: als Manifest, als Markenhandbuch, als Guideline fürs Storytelling, als Markenslogan. Im Folgenden gehen wir kurz auf mögliche Formen der Umsetzung ein, ohne uns zu sehr in Details zu verzetteln. Stattdessen wollen wir nur einen Einblick geben, wie die weitere Arbeit auf Basis der mit der Anwendung des Leitsystems gewonnenen wesentlichen Informationen aussehen kann.

Markenmanifest

Der Kernsatz, „wofür sich die Marke stark machen will", kann die Grundlage für ein Manifest bilden, das sich – im Gegensatz zu einem intern ausgerichteten Leitbild – auch an Externe wendet: Kundschaft, Geschäftspartner, Investorinnen, Anteilseigner, die breitere Öffentlichkeit und neue Talente.

Nach innen stiftet es maximale Identifikation und ein gemeinsames Verständnis dafür, wofür die Marke steht. Nach außen macht es deutlich, womit die Menschen rechnen können und woran sich die Marke messen lassen will. Es soll kraftvoll und emotional mitreißend formuliert sein, damit jeder für sich zu dem Schluss kommt: „Bei dieser Marke bin ich richtig gut aufgehoben." Gute Beispiele von Manifesten finden sich einige – und ein paar davon sind ausreichend oft zitiert worden. Der Klassiker: „Apple – Here's to the crazy ones." Dieses und weitere Beispiele finden Sie in Kapitel 4.

Markenhandbuch

Ein Markenhandbuch kann unterschiedlich in Inhalt und Umfang sein. Vor allem soll es dabei helfen, ein einheitliches Bild der Marke in die gesamte Organisation zu tragen. Es ist die erlebbare Übersetzung der Art und Weise, wie die Marke in allen Dimensionen auftritt und spricht. Schauen Sie sich erneut Ihre Antworten auf alle Fragen an, die die Marke betreffen und das, was sie besonders *wertvoll* macht. Schon hier wird der Blick auf die Betrachtung früher, heute, morgen geschärft.

Fassen Sie z. B. die wichtigsten Weichenstellungen in einer Gegenüberstellung zusammen: „So sind wir heute" zu „So wollen wir morgen sein" (*siehe Beispiel in Kapitel 4*).

Zur Beschreibung elementarer Charaktereigenschaften der Marke empfiehlt es sich ferner, in einem Polaritätenprofil klar zu skizzieren: „Wie wir wahrgenommen werden wollen" – „Wie wir partout nicht wahrgenommen werden wollen" (*siehe Beispiel in Kapitel 4*).

Storytelling & Creative Commandments

Je klarer und differenzierter Ihre Marke artikulieren kann, „wofür sie sich stark machen will", desto besser lassen sich Geschichten erstellen und verbreiten, die potenzielle Kundschaft, einflussreiche Bloggende, Verbrauchermedien und Branchenanalysten ansprechen. Da die Interessengruppen alle Aspekte der *Wertschöpfungskette* permanent daraufhin abklopfen, ob sie im Einklang mit dem selbstauferlegten Anspruch der Marke sind, sollten diese sinnvollerweise durch einen Markenpassungsfilter laufen. Das gilt für Produkte ebenso wie für Services und Prozesse oder Vertriebswege.

Ein inhaltlich fundiertes Storytelling vermag

- ▶ ein einfaches, konsistentes Versprechen zwischen Produkten, Dienstleistungen, Kommunikation und Kultur aufzubauen,
- ▶ Preissensibilität zu reduzieren und Ihre Marke gegen Promotions des Wettbewerbs zu immunisieren,
- ▶ *Wert* an sich zu schaffen und Ihre Kunden und Kundinnen in ihrer Entscheidung zu bestärken.

Im Sinne von mehr Konsequenz, Konsistenz und Kontinuität in der Ansprache von Kunden und Öffentlichkeit erscheint es ratsam, ein Set selbst auferlegter „Creative Commandments" zu erstellen (*siehe Beispiel in Kapitel 4*).

Dieses funktioniert wie eine Checkliste: Kann auch bei nur einem Commandment aus Überzeugung ein Häkchen nicht gesetzt werden, sollte die jeweilige Kommunikationsoffensive entsprechend nachjustiert oder – im drastischsten Fall – neu aufgesetzt werden.

Mögliche Erfolgskontrollen etablieren

Der Erfolg einer *werteorientierten Marken-führung* lässt sich auf verschiedenen Ebenen messen – nur drei möchten wir hier referieren. Neben dem klassischen Marken-monitoring sollten sowohl der wirtschaft-liche Erfolg als auch die Mitarbeitenden in die Erfolgsbetrachtung miteinbezogen werden.

Werte-Kongruenz im Tracking herstellen

Der schönste Erfolg stellt sich dann ein, wenn sich Markenverantwortliche guten Gewissens von dem irrigen Gedanken ver-abschieden können, die Umsetzung jeder einzelnen Maßnahme selbst überwachen zu müssen. Die Markenstrategie muss so klar und inspirierend sein, dass Sie sich an dem erfreuen können, was die Kolleginnen und Kollegen über alle Bereiche und Seg-mente hinweg aus eigenem Antrieb umzu-setzen in der Lage sind.

Die Übernahme markenspezifischer Kenn-größen – zuvorderst Imageparameter auf der Basis dessen, „wofür sich die Marke stark machen will", sowie die Erfüllung eines quantifizierbaren Markenfits an den Kundenkontaktpunkten – in die Manage-ment-Zielvereinbarung ist vermutlich das konsequenteste Führungsinstrument, wor-auf sich eine Organisation einlassen kann.

Stellen Sie sicher, dass die Image-Erhebun-gen rund um Ihre Marke die wesentlichen definierten Facetten in den Fokus stellen.

Vor allem muss dies ab Beginn einer Neu-ausrichtung der Marke erfolgen, sodass auch klar ersichtlich wird, wo sich in der Außenwahrnehmung etwas bewegt. We-sentliche Image-Items müssen also kongru-ent sein mit dem, was Sie für Ihre Marke im *Werte*-Canvas definiert haben, und im günstigsten Fall auch Begrifflichkeiten aus der *Werte*-Matrix verwenden.

Marken, die sich für etwas stark machen, sind erfolgreicher

Das Marktforschungsunternehmen KAN-TAR wird nicht müde, die Bedeutung einer klaren Markenausrichtung hervorzuheben – und stellt fest, dass Marken, denen eine spezifische Unverwechselbarkeit attestiert wird, einen bis zu 70 % höheren Impact auf den Umsatz haben als Marken, bei denen dies nicht der Fall ist. Folgerichtig müssen sich diese Marken auch weniger auf kurz-fristige Hebel wie Promotions und Rabatte verlassen.

Im Rahmen ihrer Markenbewertungsstu-dien ermittelt KANTAR neben Finanzkenn-zahlen auch den jeweiligen Markenbeitrag (die sogenannte „Brand Contribution") auf Basis repräsentativer Befragungen. Der quantifizierbare Markenbeitrag leitet sich aus impliziten Assoziationen in den Köpfen der Markenanwendenden ab, die sie dazu veranlassen, mehr von der Marke zu kaufen oder mehr dafür zu bezahlen: je höher die Unverwechselbarkeit einer Marke, desto höher ihr Markenbeitrag.

Für die Unverwechselbarkeit einer Marke sind laut KANTAR drei Aspekte elementar:

- Ihre **Bedeutung im Leben der Menschen,** die eine Affinität zu der Marke haben und davon überzeugt sind, dass sie ihre Bedürfnisse erfüllt.
- Der **Differenzierungsgrad**, indem sich die Marke anders anfühlt als andere Marken und die Trends für ihre Kategorie setzt.
- Ihre **hervorstechende Präsenz**, indem sie den Menschen im Kaufmoment schnell und leicht in den Sinn kommt (man könnte hier auch vom Verankerungsgrad im Unterbewusstsein sprechen).

Identifikation der Mitarbeiter mit der Marke prüfen

Überprüfen Sie in regelmäßigen Abständen, ob Ihre Bemühungen, die Mitarbeiter aus tiefster Überzeugung zu Botschaftern Ihrer Marke zu machen, Früchte getragen haben. Eine repräsentative Befragung unter den Mitarbeiterinnen sollte bestenfalls folgende Ergebnisse zutage fördern:

- Ich würde meinen Freunden und Bekannten im privaten Gespräch unsere Marke empfehlen.
- Mir ist völlig klar, wofür die Marke steht.
- Ich bin in der Lage, meinen Freunden und Bekannten zu erklären, wofür die Marke steht.
- Die Marke steht für *Werte*, die mir persönlich wichtig sind.
- Ich bin stolz, wenn ich anderen erzählen kann, dass ich für die Marke arbeite.
- Ich fühle mich über das Thema Marke umfassend informiert.
- Die Informationen zur Marke sind so verständlich, dass ich diese auf meinen persönlichen Aufgabenbereich übertragen und nutzen kann.

„Brand Contribution" ist eine Messgröße, die sich aus Konsumdaten errechnet – es quantifiziert den Anteil des Kaufvolumens sowie des Preispremiums, die der Brand Equity zugeordnet werden können.

Immaterielle Assoziationen in den Köpfen der Verbraucher, die sie dazu veranlassen, mehr von der Marke zu kaufen oder mehr dafür zu bezahlen, wodurch Wert für die Marke geschaffen wird.

MEANINGFUL
Verbraucher fühlen sich der Marke verbunden oder glauben, dass sie ihre Bedürfnisse erfüllt.

DIFFERENT
Fühlt sich anders an als andere Marken oder setzt die Trends für die Kategorie.

SALIENT
Kommt schnell und leicht in den Sinn, wenn durch Ideen in Bezug auf Kategoriekauf aktiviert wird.

BRAND EQUITY

SALIENCE

PERFORMANCE

DYNAMIC

EMOTION

UNIQUE

VALUE CREATION

Mehr kaufen
Mehr bezahlen

Quelle: KANTAR

4. Checklisten & Tipps

4. Checklisten & Tipps

Auf den folgenden Seiten finden Sie zahlreiche Templates, Fragenlisten und Beispiele für mögliche Umsetzungen des Leitsystems in der Praxis. Dort, wo wir andere Marken als Beispiel referieren, haben wir auf öffentliche Quellen, z. B. auf Marken- und Unternehmensseiten, zurückgegriffen.

Kundenperspektive
– Wie lassen sich unsere Kunden beschreiben?
– Worauf legen unsere Kundinnen zunehmend Wert?
– Was wollen unsere Kunden wirklich? Was sind ,höhere' Ziele, die sie erreichen wollen?

Mitentscheider
– Wer beeinflusst die Entscheidungen unserer Kunden mit? Worauf legen diese Personen/Gruppen zunehmend Wert?

Markenbezug
– Wie bereichern wir das Leben unserer Kunden?
– Was schätzen unsere Kundinnen besonders an uns?
– Was schätzen sie nicht?
– Was macht unsere Kunden und uns zu Verbündeten? Wie sind die jeweiligen Rollen verteilt?
– Welche gemeinsamen Werte teilen wir mit unseren Kundinnen?
– Decken sich Kundenerfahrungen mit den Kundenerwartungen? Wenn dem nicht so ist, woran liegt das? Wo müssen wir evtl. angebotsseitig nachbessern?
– Was hält Nichtkundinnen davon ab, unsere Marke zu kaufen?

Werte-Kanon
– Welche Werte der Gesellschaft sind für uns und unser Business wichtig?
– Welche (zusätzlichen) Werte können uns Aufwind geben?
– Welche (zusätzlichen) Werte könnten für uns zum Problem werden und warum?

Markenbezug
– Wie decken sich unsere Werte mit denen der Gesellschaft?
– Auf welche großen gesellschaftlichen Fragen haben wir bereits Antworten oder können etwas zur Lösung beitragen?
– Warum können wir die in uns gesetzten Erwartungen besser erfüllen als andere?

Gestern
– Wo sind unsere Wurzeln, ist unser Ursprung? Aus welcher Motivation sind wir einmal gegründet worden?
– Was hat uns ursprünglich erfolgreich gemacht?
– Was haben wir auch mal verbockt?

Heute
– Was sind spezifische Markensignale, die wir aussenden? Gibt es differenzierende Markenelemente?
– In welcher Rolle treten wir auf, und wie werden wir wahrgenommen?
– Was sind Dinge oder Themen, auch ganz kleine, die wir tun oder für die wir uns einsetzen, auf die wir wirklich stolz sein können?
– Was motiviert Menschen, bei uns arbeiten zu wollen? Was finden Mitarbeiterinnen toll an uns?

Morgen
– Welches ambitionierte Ziel haben wir?
– Was wollen wir in Zukunft verbessern bei uns selber?
– Was wollen wir verstärkt tun?
– Was sollten wir sein lassen, was erscheint aus heutiger Sicht nicht mehr zukunftsfähig?
– Was wäre nach drei Jahren die Headline in der Presse, die uns am meisten freuen würde?

Darauf legt der Mensch Wert

Das sind Wertvorstellungen in der Gesellschaft

Dafür wollen wir uns stark machen

Das macht unsere Marke besonders wertvoll

Das ist im Wettbewerb bemerkenswert

Mensch

Wettbewerb

Marke im Wettbewerb
– Sind wir Marktführer (Verteidiger) oder Challenger (Angreifer)?
– Was machen wir anders/besser als andere?
– In welchem „einen Punkt" sind wir unseren Wettbewerbern überlegen?
– Welche Wettbewerbsvorteile könnten wir bei qualitativ und preislich gleichem/ähnlichem Angebot geltend machen?

Markt
– Welche neuen Angebote und Anbieter verändern den Markt?
– Vor welchen Herausforderungen stehen wir?
– Gibt es Impulsgeber im Markt, die wir beneiden? Wenn ja, warum konkret?
– Was sind Wachstumsmärkte, die wir z. B. durch Erweiterung unserer Positionierung erobern könnten?

Werte-Canvas

Fragenliste für den *Werte*-Canvas

Wir haben im *Werte*-Canvas ein großes Fragenset integriert. All diese Fragen sollen explizit als Stimulus dienen. Je mehr Sie davon nutzen und beantworten können, desto reichhaltiger ist der Input für das spätere Ermitteln der *Werte*, die dahinterstehen. Wie bereits in Kapitel 3 angedeutet, empfehlen wir, die Antworten einfach, kurz und knackig zu formulieren. Zu einigen Fragen geben wir ergänzende Denkanstöße.

Marke

Gestern
- Wo sind unsere Wurzeln, ist unser Ursprung?
  Aus welcher Motivation sind wir einmal gegründet worden?
  (Denken Sie an die Gründergeschichte, den ursprünglichen Zweck & erste Produkte.)
- Was hat uns ursprünglich erfolgreich gemacht?
- Was haben wir auch mal verbockt?

Heute
- Was sind spezifische Markensignale, die wir aussenden?
  Gibt es differenzierende Markenelemente?
  (Denken Sie an Farben, Sound, Design, Verpackung ...)
- In welcher Rolle treten wir auf und wie werden wir wahrgenommen?
  (Denken Sie z. B. in Archetypen wie Held, Entdeckerin, Entertainer... Mehr zu Archetypen finden Sie in der Übersicht auf der nächsten Seite und zum Beispiel auch auf *https://blog.hubspot.de/marketing/archetypen*.)

4. Checklisten & Tipps

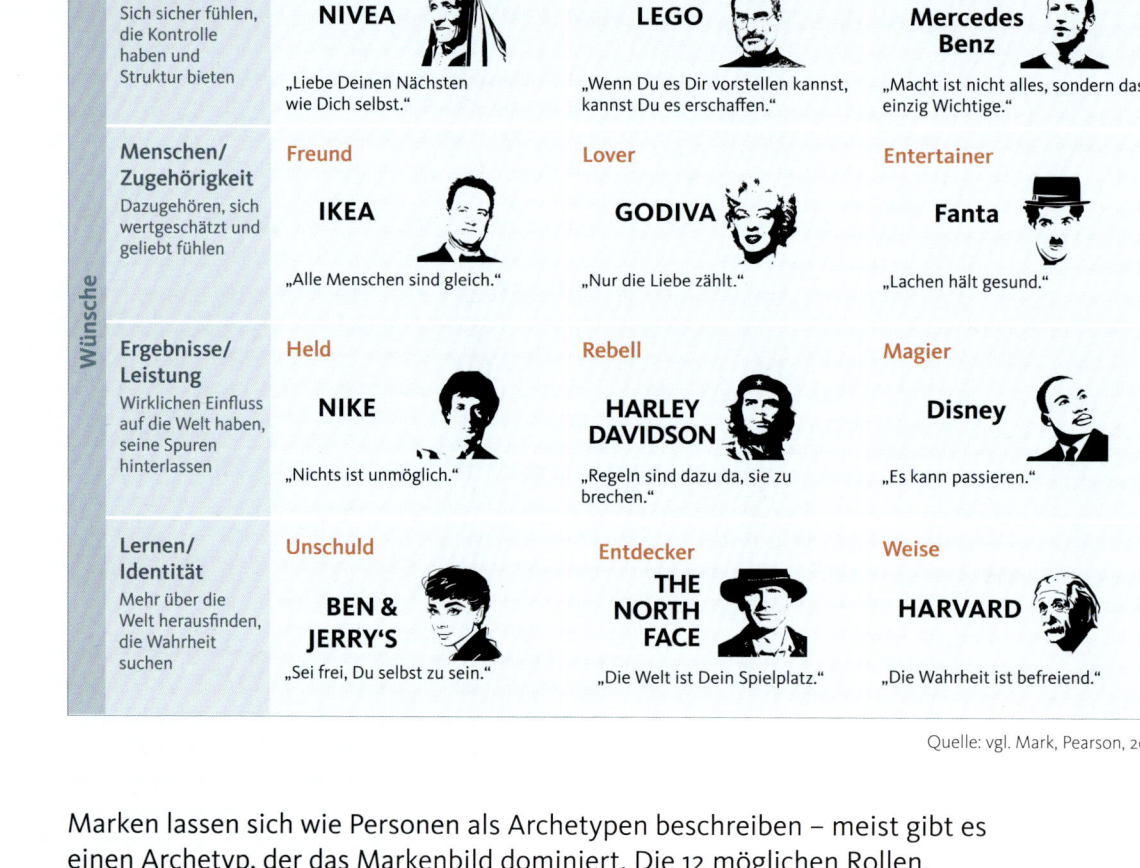

	Ziele		
Wünsche	**Sozialisations-Archetypen** Verortet Kraft in der Gruppe und Gesellschaft	**Veränderungs-Archetypen** Holt sich persönliche Macht und Freiheit zurück	**Restabilisierungs-Archetypen** Übt persönliche Macht auf die Welt aus
Stabilität/ Struktur Sich sicher fühlen, die Kontrolle haben und Struktur bieten	**Mutter** NIVEA „Liebe Deinen Nächsten wie Dich selbst."	**Schöpfer** LEGO „Wenn Du es Dir vorstellen kannst, kannst Du es erschaffen."	**Herrscher** Mercedes Benz „Macht ist nicht alles, sondern das einzig Wichtige."
Menschen/ Zugehörigkeit Dazugehören, sich wertgeschätzt und geliebt fühlen	**Freund** IKEA „Alle Menschen sind gleich."	**Lover** GODIVA „Nur die Liebe zählt."	**Entertainer** Fanta „Lachen hält gesund."
Ergebnisse/ Leistung Wirklichen Einfluss auf die Welt haben, seine Spuren hinterlassen	**Held** NIKE „Nichts ist unmöglich."	**Rebell** HARLEY DAVIDSON „Regeln sind dazu da, sie zu brechen."	**Magier** Disney „Es kann passieren."
Lernen/ Identität Mehr über die Welt herausfinden, die Wahrheit suchen	**Unschuld** BEN & JERRY'S „Sei frei, Du selbst zu sein."	**Entdecker** THE NORTH FACE „Die Welt ist Dein Spielplatz."	**Weise** HARVARD „Die Wahrheit ist befreiend."

Quelle: vgl. Mark, Pearson, 2001

Marken lassen sich wie Personen als Archetypen beschreiben – meist gibt es einen Archetyp, der das Markenbild dominiert. Die 12 möglichen Rollen, Ziele und Wünsche sind mit ihrem jeweiligen Leitspruch sowie beispielhaften Persönlichkeiten und Marken dargestellt (*vgl. Mark, Pearson, 2001*).

Marke

▶ Was sind Dinge oder Themen, auch ganz kleine, die wir tun oder für die wir uns
einsetzen, auf die wir wirklich stolz sein können?
(Denken Sie auch an solche Aktivitäten, die bislang wenig aktiv promoted wurden.)
▶ Was motiviert Menschen, bei uns arbeiten zu wollen?
Was finden Mitarbeiterinnen toll an uns?
(Schauen Sie, ob es z. B. eine interne Mitarbeiterbefragung gibt.)

Morgen

▶ Welches ambitionierte Ziel haben wir?
▶ Was wollen wir in Zukunft verbessern bei uns selbst?
▶ Was wollen wir verstärkt tun?
▶ Was sollten wir sein lassen, was erscheint aus heutiger Sicht
nicht mehr zukunftsfähig?
(Denken Sie daran: Kunden messen Sie an Ihren Taten, nicht an Ihren Worten.)
▶ Was wäre nach drei Jahren die Headline in der Presse,
die uns am meisten freuen würde?
(Stellen Sie sich vor, Sie wären Redakteur beim Handelsblatt oder bei
der FAZ – was würde da stehen?)

4. Checklisten & Tipps

Mensch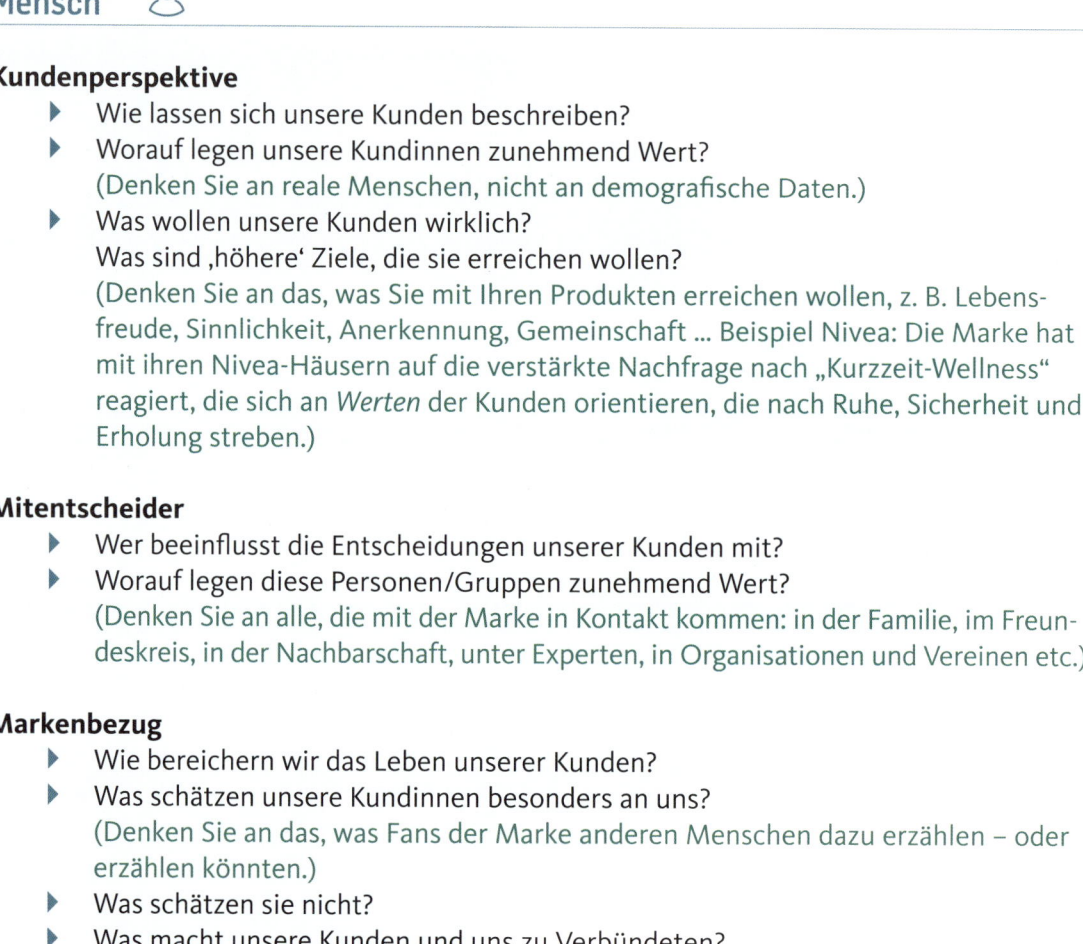

Kundenperspektive
- ▶ Wie lassen sich unsere Kunden beschreiben?
- ▶ Worauf legen unsere Kundinnen zunehmend Wert?
  (Denken Sie an reale Menschen, nicht an demografische Daten.)
- ▶ Was wollen unsere Kunden wirklich?
  Was sind ‚höhere' Ziele, die sie erreichen wollen?
  (Denken Sie an das, was Sie mit Ihren Produkten erreichen wollen, z. B. Lebensfreude, Sinnlichkeit, Anerkennung, Gemeinschaft ... Beispiel Nivea: Die Marke hat mit ihren Nivea-Häusern auf die verstärkte Nachfrage nach „Kurzzeit-Wellness" reagiert, die sich an *Werten* der Kunden orientieren, die nach Ruhe, Sicherheit und Erholung streben.)

Mitentscheider
- ▶ Wer beeinflusst die Entscheidungen unserer Kunden mit?
- ▶ Worauf legen diese Personen/Gruppen zunehmend Wert?
  (Denken Sie an alle, die mit der Marke in Kontakt kommen: in der Familie, im Freundeskreis, in der Nachbarschaft, unter Experten, in Organisationen und Vereinen etc.)

Markenbezug
- ▶ Wie bereichern wir das Leben unserer Kunden?
- ▶ Was schätzen unsere Kundinnen besonders an uns?
  (Denken Sie an das, was Fans der Marke anderen Menschen dazu erzählen – oder erzählen könnten.)
- ▶ Was schätzen sie nicht?
- ▶ Was macht unsere Kunden und uns zu Verbündeten?
  Wie sind die jeweiligen Rollen verteilt?
  (Denken Sie daran: Beziehungen zwischen Marken und ihren Nutzern sind optimalerweise Beziehungen auf Augenhöhe.)
- ▶ Welche gemeinsamen Werte teilen wir mit unseren Kundinnen?
  (Wählen Sie hierzu Begriffe aus der *Werte*-Matrix.)
- ▶ Decken sich Kundenerfahrungen mit den Kundenerwartungen? Wenn dem nicht so ist, woran liegt das? Wo müssen wir evtl. angebotsseitig nachbessern?
  (Denken Sie auch über das Produkt hinaus: Service, Vertrieb on- und offline, Kommunikation etc.)
- ▶ Was hält Nichtkundinnen davon ab, unsere Marke zu kaufen?

Gesellschaft

Werte-Kanon

▶ Welche Werte der Gesellschaft sind für uns und unser Business wichtig?
  (Wählen Sie hierzu Begriffe aus der *Werte*-Matrix.)

▶ Welche (zusätzlichen) Werte können uns Aufwind geben?
  (Denken Sie an *Werte*, die z. B. in der Post-Pandemiezeit an Bedeutung
  gewinnen könnten.)

▶ Welche (zusätzlichen) Werte könnten für uns zum Problem werden und warum?

Markenbezug

▶ Wie decken sich unsere Werte mit denen der Gesellschaft?
  (Wählen Sie hierzu Begriff aus der *Werte*-Matrix.)

▶ Auf welche großen gesellschaftlichen Fragen haben wir bereits Antworten oder
  können etwas zur Lösung beitragen?
  (Große gesellschaftliche Fragen sind z. B. die Klimakrise, Umweltschutz,
  soziale oder Geschlechtergerechtigkeit.)

▶ Warum können wir die in uns gesetzten Erwartungen besser erfüllen als andere?
  (Denken Sie über Aspekte nach, die Sie im Vergleich zu anderen überlegen machen
  – hier geht es klar um eine Verbindung auch zu gesellschaftlichen Themen.)

4. Checklisten & Tipps

Wettbewerb ①

Marke im Wettbewerb

▸ Sind wir Marktführer (Verteidiger) oder Challenger (Angreifer)?
(Denken Sie auch darüber nach, ob Sie Kategorie Erfinder/das Original, Expertin/Spezialistin, die nächste Generation oder gar „Zerstörer" einer Kategorie sind.)

▸ Was machen wir anders/besser als andere?
(Denken Sie doch mal darüber nach, ob man aus einer Schwäche einer Produkteigenschaft nicht eine Stärke ableiten kann. Wie z. B. im Falle des Smart Fortwo, der damit kokettiert, dass er offroad so wenig zustande bringt wie ein SUV in der Stadt, da er nun einmal „the ultimate city car" ist.)

▸ In welchem „einen Punkt" sind wir unseren Wettbewerbern überlegen?

▸ Welche Wettbewerbsvorteile könnten wir bei qualitativ und preislich gleichem/ähnlichem Angebot geltend machen?
(Denken Sie z. B. an Konventionen Ihrer Branche, die Sie durchbrechen, oder an soziokulturelle *Werte*, die Sie besser als andere bedienen. Alles, was Ihre Marke aus der Commodity-Falle holt, kann wichtig sein.)

Markt

▸ Welche neuen Angebote und Anbieter verändern den Markt?

▸ Vor welchen Herausforderungen stehen wir?
(Denken Sie an technologische Entwicklungen, Substitutionen durch neue Wettbewerber, politische Regulierungen etc.)

▸ Gibt es Impulsgeber im Markt, die wir beneiden? Wenn ja, warum konkret?
(Denken Sie auch an branchenfremde Unternehmen/Marken mit Vorbildcharakter.)

▸ Was sind Wachstumsmärkte, die wir z. B. durch Erweiterung unserer Positionierung erobern könnten?
(Denken Sie an artverwandte Branchen, für die Sie ein Angebot machen könnten. Beispiel Syoss: Die Haarkosmetikmarke von Henkel hat durch ihre Höherpositionierung als demokratische „Profi"-Marke ein neues Marktsegment geschaffen und damit eine neue Art der Nachfrage.)

Verändern

Ich ← → Wir

Bewahren

SELBSTBESTIMMUNG
Kreativität · Unabhängigkeit · Neugier · Freiheit

GANZHEITLICHKEIT
Spiritualität · Fairness · Toleranz · Frieden · Natur · Gleichheit · Nachhaltigkeit · Gerechtigkeit · Wahrheit

ABENTEUER
Fantasie · Mut · Vielfalt · Inspiration · Erlebnis

GENUSS
Optimismus · Schönheit · Humor · Freude · Sinnlichkeit · Gelassenheit · Intimität

GEMEINSINN
Liebe · Ehrlichkeit · Großzügigkeit · Sinn · Verantwortung · Freundschaft · Glück · Kooperation · Treue · Solidarität · Empathie · Hilfsbereitschaft · Harmonie

LEISTUNG
Entwicklung · Ehrgeiz · Erfolg · Intelligenz · Innovation · Wissen · Zielstrebigkeit · Kompetenz · Engagement

TRADITION
Dankbarkeit · Einfachheit · Demut

SICHERHEIT
Gesundheit · Fürsorge · Gemeinschaft · Nähe · Vertrauen · Familie · Zugehörigkeit · Stabilität · Verbindung · Wohlstand · Geborgenheit

MACHT
Anerkennung · Status · Dominanz · Einfluss · Autorität · Kontrolle · Stärke

DISZIPLIN
Fleiß · Vernunft · Anstand · Ordnung · Höflichkeit

Werte-Matrix

Beispiele „Wofür will sich die Marke stark machen?"

Coca Cola

*To refresh the world ...
To inspire moments of
optimism and happiness ...
To create value and make
a difference.*

facebook

*To give people the power to
share and make the world more
open and connected.*

NIKE

*To bring inspiration and
innovation to every athlete*
in the world.*

*If you have a body, you're an athlete.

airbnb

*To help everyone belong
anywhere.*

LEGO

*To inspire and develop the
builders of tomorrow.*

Oxfam

*We fight inequality to end
poverty and injustice.*

TED

We believe passionately in the power of ideas to change attitudes, lives and, ultimately, the world.

HYATT

To provide authentic hospitality by making a difference in the lives of the people we touch every day.

intel

We engineer solutions for our customers' greatest challenges with reliable, cloud to edge computing, inspired by Moore's Law.

KICKSTARTER

To help bring creative projects to life.

TESLA

To accelerate the world's transition to sustainable energy.

LinkedIn

To connect the world's professionals to make them more productive and successful.

Das Leitsystem in der Anwendung ...

... so, wie es exemplarisch für die Deutsche Telekom durchdekliniert werden könnte. Zu beachten ist, dass es sich hier um eine subjektive Einschätzung der Autoren handelt, basierend auf der Recherche von öffentlich zugänglichem Material.

Wie entstehen die Elemente im Canvas im Rahmen eines Workshops? Wie lassen sich die wesentlichen *Werte* herausfiltern und dann in Textform für jedes der vier Felder sowie das Zentrum formulieren?

Auf den folgenden Seiten zeigen wir die vier Schritte, die mit exemplarischen Fragen, den dahinter liegenden *Werten* und einem entsprechendem *Werte*-Matching zu einem schlüssigen „Wofür wir uns stark machen wollen" führen.

1. Schritt: Antworten finden

Antworten auf möglichst viele Fragen im *Werte*-Canvas finden. Hier sind mögliche Antworten zu zwei beispielhaften Fragen zur MARKE.

Heute
Was sind Dinge oder Themen, auch ganz kleine, die wir tun oder für die wir uns einsetzen, auf die wir wirklich stolz sein können?

Seit Gründung 1995 engagiert sich die Telekom in gesellschaftlichen Projekten, wie Telefonseelsorge, Behindertensport, #Gameforgood gegen Demenz, #GegenHassImNetz, WeCare (Klimaschutz, Ressourcenschonung), Code+Design Camp, Teach-Today, #DABEI-Festival, „Ich kann was", jüngst das Digitale Bildungspaket für Schulen in Kooperation mit Microsoft.

Morgen
Welches ambitionierte Ziel haben wir?

Führend im Kundenerlebnis (volldigitalisiert und einfach), „tadelloser" Omnichannel-Service, Motor sein beim Ausbau von integrierten, sicheren und klimaneutralen Gigabit-Netzen (Glasfaser, 5G), führend beim Internet der Dinge.

Auf dieser technologischen Basis die Chancen der Digitalisierung für jeden (privat und beruflich) erschließen, wieder mehr Perspektive und eine positive Sicht auf die Zukunft bieten sowie einer gesellschaftlichen Spaltung entgegentreten.

2. Schritt: Die *Werte* dahinter sehen

Hinter jeder der Antworten stehen bestimmte *Werte*. Indem wir die Antworten mit der *Werte*-Matrix abgleichen, lässt sich jeder Bereich auf bestimmte *Werte* verdichten. Nutzen Sie die Matrix und suchen Sie die korrespondierenden *Werte* zu den Antworten.

Heute:
Was sind Dinge oder Themen, auch ganz kleine, die wir tun oder für die wir uns einsetzen, auf die wir wirklich stolz sein können?

Seit Gründung 1995 engagiert sich die Telekom in gesellschaftlichen Projekten wie Telefonseelsorge, Behindertensport, #Gameforgood gegen Demenz, #GegenHassImNetz, WeCare (Klimaschutz, Ressourcenschonung), Code+Design Camp, Teach-Today, #DABEI-Festival, „Ich kann was", jüngst das Digitale Bildungspaket für Schulen in Kooperation mit Microsoft.

Verdichtung auf Werte

Engagement	Zugehörigkeit
Gemeinschaft	Erlebnis
Gleichheit	Gerechtigkeit

Morgen:
Welches ambitionierte Ziel haben wir?

Führend im Kundenerlebnis (volldigitalisiert und einfach), „tadelloser" Omnichannel-Service, Motor sein beim Ausbau von integrierten, sicheren und klimaneutralen Gigabit-Netzen (Glasfaser, 5G), führend beim Internet der Dinge.

Auf dieser technologischen Basis die Chancen der Digitalisierung für jeden (privat und beruflich) erschließen, wieder mehr Perspektive und eine positive Sicht auf die Zukunft bieten sowie einer gesellschaftlichen Spaltung entgegentreten.

Verdichtung auf Werte

Stärke	Innovation	Empathie
	Einfachheit	Gerechtigkeit
	Zugehörigkeit	Optimismus

3. Schritt: Für alle weiteren Dimensionen Antworten finden und die *Werte* dahinter sehen

Die Schritte 1 und 2 werden für alle weiteren Bereiche (MENSCH, GESELLSCHAFT, WETT-BEWERB) nach dem vorher beschriebenen Muster durchgeführt. Hier sind mögliche Antworten zu zwei Fragen zum MENSCHEN und die *Werte*, die hinter den Antworten liegen.

Kundenperspektive
Was wollen unsere Kunden wirklich, was sind ‚höhere' Ziele, die sie erreichen wollen?

Besondere Momente, Erlebnisse und Erfahrungen, Wissen, Ideen und Meinungen mit denen teilen, die ihnen wichtig sind; Beziehungen eingehen und pflegen.

Sozial, kulturell, technologisch, wirtschaftlich mit von der Partie sein – und nicht außen vor. Sich einbringen und sich Gehör verschaffen können.

Verdichtung auf Werte

Verbindung	Erlebnis
Zugehörigkeit	Freiheit

Markenbezug
Wie bereichern wir das Leben unserer Kunden?

Wir ermöglichen Teilhabe an den Chancen der Digitalisierung und damit gemeinsame Erlebnisse und innige Beziehungen zwischen den Menschen.

Wir geben den Menschen Orientierung und Zuversicht, wie sie sich in einer zunehmend technologisierten Zukunft auch weiterhin zurechtfinden. Und tragen damit auch zur Absicherung ihres Wohlstands bei, wenn in Zukunft fast jeder Lebensbereich, privat und beruflich, in irgendeiner Form digitalisiert sein wird.

Verdichtung auf Werte

Gemeinschaft		Zugehörigkeit
Verbindung	Nähe	Stabilität
	Optimismus	Erlebnis

4. Checklisten & Tipps

Hier sind mögliche Antworten zu zwei beispielhaften Fragen zur GESELLSCHAFT und die *Werte*, die hinter den Antworten liegen.

Werte-Kanon
Welche (zusätzlichen) Werte können uns Aufwind geben?

Suche nach Sicherheit, Stabilität und Orientierung in Zeiten zunehmender Unsicherheit und Ungewissheit. Steigender Wunsch nach Gemeinschaft und Zusammenhalt. Genuss und Convenience, die man in Coronazeiten schätzen gelernt hat (Online-Shopping, bargeldloses Bezahlen).

Verdichtung auf Werte

Stabilität	Gemeinschaft
Zugehörigkeit	Freiheit

Markenbezug
Wie decken sich unsere Werte mit denen der Gesellschaft?

Aus den Konzernstatuten: „Wir wollen, dass alle Menschen, unabhängig von Alter, Herkunft oder Bildung, die Chance bekommen, an der digitalen Gesellschaft teilzuhaben."

„Deshalb setzen wir uns mit vielfältigen Projekten und Initiativen dafür ein, Kindern, Jugendlichen und Erwachsenen bis zum Seniorenalter einen kompetenten und sicheren Umgang mit neuen Technologien zu ermöglichen."

Verdichtung auf Werte

Gemeinschaft	Zugehörigkeit	
Gerechtigkeit	Verantwortung	
Engagement	Verbindung	Nähe
Stabilität	Optimismus	Erlebnis

Hier sind mögliche Antworten zu zwei beispielhaften Fragen zum WETTBEWERB und die *Werte*, die hinter den Antworten liegen.

Marke im Wettbewerb
Welche Wettbewerbsvorteile könnten wir bei qualitativ und preislich gleichem/ähnlichem Angebot geltend machen?

Kunden geben uns einen Vertrauensvorschuss, weil sie zurecht annehmen können, dass wir bei der Überforderung durch zunehmende wirtschaftliche und technologische Komplexität am ehesten geeignet sind, Orientierung zu stiften.

Verdichtung auf Werte

Vertrauen	Optimismus

Markt
Vor welchen Herausforderungen stehen wir?

Dem technikbedingten Vorteil der Kabelanbieter (Bandbreite/Geschwindigkeit) ist nur durch kostenintensiven Glasfaserausbau und 5G-Ausbau zu begegnen.

Technik ist kein Differenziator, stattdessen unsere gesamte Power in den Dienst gesellschaftlich relevanter Themen stellen: für Optimismus statt Isolationismus, Nähe statt Distanz, digitale Chancengleichheit und Wohlstand für alle statt nur Zugang für wenige.

Verdichtung auf Werte

Engagement (für) Gleichheit	
Gerechtigkeit	Wohlstand

4. Schritt: *Werte*-Übersicht schaffen

Nachdem jedes der vier Felder bearbeitet ist, lässt sich eine *Werte*-Übersicht herstellen. Die wesentlichen *Werte* werden ausgezählt und dadurch Schwerpunkte und Überschneidungen zwischen den Feldern deutlich.

Werte	Verbindung	Gemeinschaft	Zugehörigkeit	Optimismus	Gerechtigkeit	Engagement
Das macht die Marke besonders wertvoll		2	2	2	2	3
Darauf legt der Mensch Wert	5	2	2			2
Das sind Wertvor-stellungen in der Gesellschaft		3	3	2	3	
Das ist im Wettbewerb bemerkenswert						2
	5	7	7	4	5	7

5. Schritt: *Werte* neu vertexten für das zentrale Statement

In der Übersichtstabelle wird deutlich, welche *Werte* zentral sind für die Marke und auch von allen Feldern gespeist werden. So wird deutlich, welche *Werte* relevant, differenzierend und glaubwürdig sind. Jetzt müssen sie in eine Textform gebracht werden, die als zentrales Statement im Zentrum des Canvas steht: „Wofür wollen wir uns stark machen?"

4. Checklisten & Tipps

Auf Basis aller vorab beschriebenen Schritte lassen sich abschließend alle Elemente im Zentrum des *Werte*-Canvas formulieren. Die Elemente, die sich aus den Schritten eins bis fünf auf den vorherigen Seiten ergeben, sind in der folgenden Abbildung für die Deutsche Telekom aufgeführt – mit dem Statement, „wofür sich die Marke stark machen will", im Mittelpunkt.

Weitere Beispiele für andere Marken finden sich auf den folgenden Seiten. Auch hier gilt, dass es sich um subjektive Einschätzungen der Autoren handelt. (Ob die Markenverantwortlichen in den betreffenden Unternehmen zu einem ähnlichen Ergebnis kämen, steht auf einem anderen Blatt.)

Beispiele Zentrum *Werte*-Canvas

Darauf legt der Mensch Wert

Erlebnisse, Erfahrungen, Wissen, Ideen und Meinungen miteinander teilen. Dazugehören, sich nicht ausgeschlossen fühlen und sich privat und beruflich weiterentwickeln.

Das sind Wertvorstellungen in der Gesellschaft

Finanzkrisen, Globalisierung, Pandemien, Klimawandel führen zu sozialen Verwerfungen. Der Druck auf Politik und Wirtschaft, sich für mehr Gerechtigkeit und Chancengleichheit einzusetzen, nimmt zu.

Deutsche Telekom

Dafür wollen wir uns stark machen

Wir geben uns erst zufrieden, wenn alle an den Möglichkeiten der Digitalisierung teilhaben können.

Das macht unsere Marke besonders wertvoll

Bester Service im besten und größten Netz sowie der unbedingte Gestaltungswille hochkompetenter Mitarbeiter machen uns zum vertrauenswürdigen Begleiter im Leben unserer Kunden.

Das ist im Wettbewerb bemerkenswert

Technik ist kein langfristiger Differenziator, Top-Service wird der Schlüssel zur Kundenloyalität. Weder die direkten Wettbewerber noch die Internetunternehmen genießen zur Zeit so viel Vertrauen wie wir.

Darauf legt der Mensch Wert

Reisende wollen heute keine Touristen sein, sondern sich fühlen, leben und handeln wie die Einheimischen.

Das sind Wertvorstellungen in der Gesellschaft

Die heutige Gesellschaft hat einen zunehmenden Wunsch zu reisen und zu erkunden. Wir haben hohe Erwartungen an das Reisen: Jede Reise sollte außergewöhnlich sein – und nicht nur ein Hotelerlebnis „von der Stange".

airbnb

Dafür wollen wir uns stark machen

Menschen zu inspirieren, überall auf der Welt zu leben und sich zu Hause zu fühlen (auch nur für eine Nacht).

Das macht unsere Marke besonders wertvoll

airbnb bietet nicht nur Häuser und Wohnungen, sondern auch Zugang zu Gastgebern, Nachbarschaften und lokalen Erfahrungen.

Das ist im Wettbewerb bemerkenswert

Klassisches Reisen geht auf Nummer sicher – die gängigen Hotelketten wollen in allen Häusern ein ähnliches Erlebnis schaffen. Die Gäste wissen vor der Reise, was sie erwartet. Das ist 100 % risikofrei, aber auch frei von jeder Art individueller, lokaler Erfahrung.

4. Checklisten & Tipps

LEGO

Darauf legt der Mensch Wert

Überall auf der Welt suchen Menschen jeden Alters nach kreativen Freizeitbeschäftigungen und Möglichkeiten, ihre Kreativität auszudrücken.

Das sind Wertvorstellungen in der Gesellschaft

In einer Welt voller digitalem, oft passivem Unterhaltungskonsum ist es mehr denn je wichtig, weiter zu spielen und individuelle Kreativität zu entwickeln. Besonders haptisches Spielen und Bauen sind großartige Möglichkeiten, sich selbst auszudrücken – allein und gemeinsam mit anderen.

LEGO

Dafür wollen wir uns stark machen

Die Kreativität und Fantasie der Baumeister von heute und morgen beflügeln.

Das macht unsere Marke besonders wertvoll

Eine einzigartige und unendliche Welt von flexiblen Bausteinen, die sich ständig weiterentwickelt und der LEGO-Community immer wieder Impulse für spielerische und kreative Anwendungen gibt.

Das ist im Wettbewerb bemerkenswert

Viele andere Unternehmen haben versucht, LEGO zu imitieren – z. B. mit ähnlich aussehenden Steinen. Aber trotz ähnlicher Produkte oder neuer (digitaler) Spieletrends bleibt LEGO generationsübergreifend interessant und kann eine große Community um sich sammeln.

ottobock

Darauf legt der Mensch Wert

Medizintechnik-Entscheider und Anwenderinnen suchen nach intelligenten Technologien sowie personalisierten Versorgungsleistungen und -lösungen, die körperliche Mobilität im Alltag ermöglichen und jedem die Option bieten, am Alltagsleben ohne Einschränkungen und Hürden teilzunehmen.

Das sind Wertvorstellungen in der Gesellschaft

Selbstbestimmung und individuelle Freiheit sind zur Lebensmaxime geworden. Dazu gehört auch die Inklusion möglichst aller und die Überwindung von körperlichen Einschränkungen.

ottobock

Dafür wollen wir uns stark machen

Wir geben physisch eingeschränkten Menschen ihre individuelle Mobilität und Bewegungsfreiheit zurück.

Das macht unsere Marke besonders wertvoll

Wir sind Weltmarktführer für innovative Prothetikprodukte und Technologieführer in „wearable human bionics", die Teile des menschlichen Körpers erweitern oder ersetzen. Nicht die Technik, sondern der Mensch steht im Mittelpunkt. Denn die Lebensqualität von Menschen ist eng verbunden mit einem Maximum an individueller Freiheit und Selbstständigkeit.

Das ist im Wettbewerb bemerkenswert

Ottobock ist Impulsgeber und Innovationstreiber, bei Know-how-Transfer, Arbeitsplatz-Medizintechnik, gesellschaftlichem Engagement (Paralympics). Dieser ganzheitliche Ansatz macht uns einzigartig.

Beispiele Markenmanifest

WE WON'T STOP UNTIL EVERYONE IS CONNECTED.

It is in our nature to seek the company of others: humans need this interaction in order to move forward. Sharing fosters closeness. It is the very reason we choose to share our important moments with those important to us.

We share events, experiences, and opinions – sometimes even our possessions. We share knowledge and our ideas. And quite often, by sharing these thoughts, we turn them into something bigger, something better. That is what drives us.

We, Deutsche Telekom, are more than just another company which provides society with infrastructure. Whatever the circumstances, we are a trusted companion in people's private and work lives. Whenever. Wherever. Forever making life easier for people and enriching it is our mission.

Our network is an artery pumping life: fast, reliable, and secure. It provides easy access to all who need it.

We are close to the consumer and are transparent, fair, and open to dialog.

We identify innovative products at an early stage and develop them in collaboration with our partners.

We do all of this better than anyone else. This ability forms the basis of trust – an essential ingredient for long-lasting relationships.

Precisely this is the essence of our work at Deutsche Telekom. Together, with passion, focus, and sustainability, we are entering a world of infinite possibilities for each and every one of us. It is our contribution to social togetherness.

This connects us.

T · ·   LIFE IS FOR SHARING.

Quelle: Deutsche Telekom

Here's to the crazy ones.

The misfits.
The rebels.
The troublemakers.
The round pegs in the square holes.
The ones who see things differently.

They're not fond of rules.
And they have no respect for the status quo.

You can quote them, disagree with them, glorify or vilify them.
But the only thing you can't do is ignore them.

Because they change things.
They push the human race forward.

While some may see them as the crazy ones,
we see genius.

Because the people who are crazy enough to think
they can change the world,
are the ones who do.

Apple

Think different.

Quelle: www.thecrazyones.it/spot-en.html

Rules of the garage.

Believe you can change the world.

Work quickly, keep the tools unlocked, work whenever.

Know when to work alone and when to work together.

Share – tools, ideas. Trust your colleagues.

No politics. No bureaucracy. (These are ridiculous in a garage.)

The customer defines a job well done.

Radical ideas are not bad ideas.

Invent different ways of working.

Make a contribution every day. If it doesn't contribute,

it doesn't leave the garage.

Believe that together we can do anything.

Invent.

hp

Quelle: https://stepsandleaps.wordpress.com/2010/01/04/garage-rules-and-innovation/

THE (RED) MANIFESTO

ALL THINGS BEING EQUAL. THEY ARE NOT.

AS FIRST WORLD CONSUMERS, WE HAVE TREMENDOUS POWER. WHAT WE COLLECTIVELY CHOOSE TO BUY, OR NOT TO BUY, CAN CHANGE THE COURSE OF LIFE AND HISTORY ON THIS PLANET.

(RED) IS THAT SIMPLE AN IDEA. AND THAT POWERFUL. NOW, YOU HAVE A CHOICE. THERE ARE (RED) CREDIT CARDS, (RED) PHONES, (RED) SHOES, (RED) FASHION BRANDS. AND NO, THIS DOES NOT MEAN THEY ARE ALL RED IN COLOR. ALTHOUGH SOME ARE.

IF YOU BUY A (RED) PRODUCT OR SIGN UP FOR A (RED) SERVICE, AT NO COST TO YOU, A (RED) COMPANY WILL GIVE SOME OF ITS PROFITS TO BUY AND DISTRIBUTE ANTI-RETROVIRAL MEDICINE TO OUR BROTHERS AND SISTERS DYING OF AIDS IN AFRICA.

WE BELIEVE THAT WHEN CONSUMERS ARE OFFERED THIS CHOICE, AND THE PRODUCTS MEET THEIR NEEDS, THEY WILL CHOOSE (RED). AND WHEN THEY CHOOSE (RED) OVER NON-(RED), THEN MORE BRANDS WILL CHOOSE TO BECOME (RED) BECAUSE IT WILL MAKE GOOD BUSINESS SENSE TO DO SO. AND MORE LIVES WILL BE SAVED.

(RED) IS NOT A CHARITY. IT IS SIMPLY A BUSINESS MODEL. YOU BUY (RED) STUFF, WE GET THE MONEY, BUY THE PILLS AND DISTRIBUTE THEM. THEY TAKE THE PILLS, STAY ALIVE, AND CONTINUE TO TAKE CARE OF THEIR FAMILIES AND CONTRIBUTE SOCIALLY AND ECONOMICALLY IN THEIR COMMUNITIES.

IF THEY DON'T GET THE PILLS, THEY DIE. WE DON'T WANT THEM TO DIE. WE WANT TO GIVE THEM THE PILLS. AND WE CAN. AND YOU CAN. AND IT'S EASY.

ALL YOU HAVE TO DO IS UPGRADE YOUR CHOICE.

Quelle: https://redaidsawareness.weebly.com/red-manifesto.html

Why do we explore?

Do we simply want to go places we've never been before?

No, it goes far deeper than that.

We explore so we may know the earth better and,

along the way, ourselves.

How willful are we?

How strong?

How brave?

We embrace the struggle and accomplish things others

thought impossible.

The equipment we rely on is more than our tools.

It is how we transport ourselves from who we are to

who we will be.

These are life's great moments.

We do not explore to cheat death.

We explore to celebrate life.

We will never stop exploring.

THE
NORTH
FACE

Quelle: https://www.kontentfilms.com/the-north-face

Beispiel für „Von-zu-Gegenüberstellung"

	HEUTE		MORGEN
Ziel	schnelle Gewinne	→	langfristige Beziehungen
Erfolgsmessung	neue Kunden	→	Weiterempfehlung (NPS)
Beziehung	Corporate	→	persönlich
Persönlichkeit	zurückhaltend	→	offen, unkompliziert
Verhalten	Verkäufer	→	Partner/Begleiter
Angebot	Datenvolumen, Hardware	→	Lösungen
Nutzung	kompliziert, unklar	→	einfach

Beispiel für „On brand" vs. „Off brand"

Wie wir als Marke sprechen und auch wahrgenommen werden wollen, lässt sich in einem Markenhandbuch definieren. Hier werden *Werte* übersetzt in die Persönlichkeit der Marke.

„On brand" – heißt …	„Off brand" – heißt nicht …
▸ verläßlich, stark, partnerschaftlich	▸ autoritär, mächtig
▸ auf Augenhöhe	▸ von oben herab
▸ natürlich, ehrlich, authentisch	▸ künstlich, steril, überdreht, „out of this world"
▸ entspannt, leicht, genießend	▸ kompetitiv, angestrengt, nach oben strebend
▸ offen, gemeinschaftlich (WIR-Momente)	▸ ausgrenzend, exklusiv, alleine (ICH-Bezogenheit)

Beispiel für (fiktive) „Creative Commandments"

Als Checkliste für mehr Konsequenz, Konsistenz und Kontinuität in der Kommunikation:

- ☑ Beruht die Idee auf den faszinierenden Möglichkeiten der heutigen digitalen Welt? Lädt sie jeden ein, daran teilzuhaben und sie zu nutzen? (Die Geschichte kann groß oder klein, dramatisch oder heiter und von kollektiver oder individueller Bedeutung sein. Die Geschichte ist gemeinschaftlich und partizipatorisch entstanden.)

- ☑ Stellt die Kommunikation das Teilen als ein natürliches Element eines modernen Lebensstils dar, das inspiriert und den Alltag bereichert und zu einer positiven Interaktion zwischen Menschen führt?

- ☑ Stellt die gesamte Kommunikation eine klare, unterstützende und verbindende Rolle für die Marke und die vorgestellten Produkte dar? (Dies erfordert nicht notwendigerweise eine Abbildung des Produkts in Gebrauch.)

- ☑ Wirkt die Kommunikation authentisch? Sind die Erlebnisse relevant, glaubwürdig und zugänglich? (Unser Zielpublikum muss sich in die Situation hineinversetzen können. Die Geschichten/Inhalte sollten in realen, alltäglichen Situationen verwurzelt sein – auch wenn sie in einem zeitgenössischen Stil vermittelt werden können.)

- ☑ Kann die Idee über die erforderlichen Kanäle umgesetzt werden, um den verschiedenen Kommunikationsaufgaben gerecht zu werden und eine angemessene Qualität (production value) zu gewährleisten?

- ☑ Sind Sie stolz auf die Kreation, sodass Sie anderen davon erzählen möchten?

Auf bestes Gelingen!

Wir wünschen Ihnen viel Motivation, Überzeugung und Erfolg in der Umsetzung dieses flexiblen Systems zur Erarbeitung Ihres unternehmerischen *Werte*-Sets. Nutzen Sie die genannten Beispiele und aufgezeigten Wege als individuelle Inspiration, als neue und kreative Denk- und Arbeitsimpulse. Für uns geht es vor allem darum, Ihnen eine Denkweise zu vermitteln, wie es für jede Marke möglich ist, sich auf die eigenen *Werte* zu besinnen, sie als Treibstoff für die Marke zu nutzen und nach innen wie außen erfahrbar zu machen.

Denn wenn Marken verstehen – respektive die Menschen, die diese Marken erschaffen haben, mitgestalten, leben und weitertreiben –, welche *Werte* in ihnen stecken, was sie von anderen unterscheidet und vor allem, welche verbindenden *Werte* für Menschen und Gesellschaft nutzbar sind und diese erlebbar machen, schaffen sie eine nachhaltige Basis für mehr Impact – unternehmerisch, wirtschaftlich und gesellschaftlich. Packen Sie es an – besser heute als morgen. Und schaffen Sie eine authentische, *wertvolle*, lebendige Marke!

Quellenverzeichnis

A

Accenture/ O'Reilly u.a. (2020): The Big Value Shift. How ripple effects are impacting every business. Macroeconomic insight series
www.accenture.com/_acnmedia/PDF-140/Accenture-Strategy-Big-Value-Shift-POV.pdf
Abrufdatum: 03.08.2021

Accenture (2020): COVID-19 Likely to Usher in ‚Decade of the Home,' According to Accenture Survey Research
https://newsroom.accenture.com/news/covid-19-likely-to-usher-in-decade-of-the-home-according-to-accenture-survey-research.htm
Abrufdatum: 03.08.2021

Accenture (2018): To Affinity and Beyond. From me to we: The Rise of the Purpose-led brand
www.accenture.com/_acnmedia/Thought-Leadership-Assets/PDF/Accenture-CompetitiveAgility-GCPR-POV.pdf
Abrufdatum: 03.08.2021

Allison, D. (2018): We Are All the Same Age Now. Valuegraphics. The End of Demographic Stereotypes, *ohne Ort*

Angermaier, Dr. G. (2015): Definition und Zweck des Business Model Canvas
https://www.projektmagazin.de/glossarterm/business-model-canvas
Abrufdatum: 30.08.2021

Atkin, J.D. (2019): How Airbnb found its Purpose and why it's a good one.
https://medium.com/@douglas.atkin/how-airbnb-found-its-purpose-and-why-its-a-good-one-b5c987c0c216
Abrufdatum: 03.08.2021

Quellenverzeichnis

Avanade (2013): Global Survey: B2B is the new B2C. The Consumerization of Enterprise Sales
www.avanade.com/-/media/asset/point-of-view/the-new-customer-journey-global-study.pdf
Abrufdatum: 03.08.2021

Aziz, A. (2020): Global Study Reveals Consumers Are Four To Six Times More Likely To Purchase, Protect And Champion Purpose-Driven Companies, in: Forbes
www.forbes.com/sites/afdhelaziz/2020/06/17/global-study-reveals-consumers-are-four-to-six-times-more-likely-to-purchase-protect-and-champion-purpose-driven-companies/?sh=32ec8ae9435f
Abrufdatum: 07.09. 2021

B

Balensiefer, R./ Berdi, Chr./ Pohlkamp, A. (2011): Erfolgspfad zur Brand Excellence, in: absatzwirtschaft 11/2011, S. 29–31

Bamberger, I./ Wrona,T. (2012): Strategische Unternehmensführung, herausgegeben von: Franz Vahlen, München, S. 273

Barton, R. u.a./ Accenture Strategy (2018): To Affinity and Beyond – from me to we, the rise of the purpose lead brand
www.accenture.com/_acnmedia/Thought-Leadership-Assets/PDF/Accenture-Competitive Agility-GCPR-POV.pdf
Abrufdatum: 23.07.2021

Baskin, M. (2015): How to use brand models, in: WARC Best Practise, März 2015
(Download Online-Datenbank in 2018)

Baumgarth, Prof. Dr. C. u.a. (2020): Brand Work Manifesto – Von der „Markentechnik" zur Neuen Marken Arbeit,
in: transfer – Zeitschrift für Kommunikation und Markenmanagement, 03/2020, S. 28–35

Billing, F./ Lehmann, S. B./Perrey, J. (2020): Purpose: die Suche nach dem Sinn, in Akzente, McKinsey, 2020, S. 10–17
www.mckinsey.de/~/media/McKinsey/Locations/Europe%20and%20Middle%20East/Deutsch-land/Branchen/Konsumguter%20Handel/Akzente/Ausgaben%202020/Akzente_1-20.pdf
Abrufdatum: 23.07.2021

Binet, L./ Field, P. (2013): The Long and the Short of It. Balancing Short and Long-Term Marketing Strategies. Hrsg. IPA Institute of Practicioners in Advertising, London

Britton (2019): Lessons From Values Driven Brands
www.brittonmdg.com/blog/lessons-from-values-driven-brands/
Abrufdatum: 02.09.2021

Business.com (2020): More Than Words: How to Create Values-Driven Business, 06.04.2020
www.business.com/articles/values-driven-business-culture/
Abrufdatum. 03.08.2021

C
Collin, W. (2018): Five reasons why telcos should come back to brand,
in: ADMAP Magazine

D
De Bono, E. (2005): De Bonos neue Denkschule: Kreativer denken, effektiver arbeiten, mehr erreichen, München

Deloitte (2017): 2030 Purpose: Good Business and a better future, Connecting sustainable development with enduring commercial success, London
www2.deloitte.com/content/dam/Deloitte/global/Documents/About-Deloitte/gx-2030-purpose-report.pdf
Abrufdatum: 03.08.2021

DE3P (2019): 77 Human Needs. Understand, Create and Measure Human Experiences
www.de3p.com/#77-Human-Needs
Abrufdatum: 03.08.2021

E
Edelman Trust Barometer (2020): Special Report: Trust and the Coronavirus
www.edelman.com/research/2020-edelman-trust-barometer-special-report-coronavirus-and-trust
Abrufdatum: 03.08.2021

Quellenverzeichnis

Edelmann (2018): Earned Brand 2018
https://www.edelman.com/earned-brand
Abrufdatum: 03.08.2021

F

Fernow, Dr. H./ Mletzko, M./ GIM Gesellschaft für Innovative Marktforschung (2020, 2021):
GIM foresight Studie – Der Schwarze Schwan Covid-19
www.gim-foresight.com/de/values-visions/der-schwarze-schwan-covid-19.html
Abrufdatum: 03.08.2021

Fernow, Dr. H. (2020): Welle des Kulturwandels reiten. Oder als Marke untergehen!
in: markenartikel 10/2020, S. 59–61
www.g-i-m.com/_Resources/Persistent/e75f1b9f6cebd10d226b9737e605631725adda52/202010_Artikel-GIM-foresight_Welle-des-Kulturwandels-reiten_Markenartikel-10-2020.pdf
Abrufdatum: 03.08.2021

Franzen, Dr. O./ Hopf, N./ Strack, Dr. M. (2010): Markenführung auf der Basis von Werthaltungen, in: transfer – Werbeforschung & Praxis, 56 (2), S. 61–66
www.newbusinessverlag.de/sites/default/files/medienmarke/transfer_buch_leseprobe.pdf
Abrufdatum: 02.09.2021

Freundt, T./ Lehmann, S./ Liedke, N./ Perrey, J. (2021): Mega-Macht Marke: Bleibende Werte in wechselvollen Zeiten, München, S. 203

Frohne, Prof. Dr. J. (2020): Brand Purpose in aller Munde. Was gilt es in der werthaltigen Kommunikation von Marken zu beachten?
in: transfer – Zeitschrift für Kommunikation und Markenmanagement 02/2020, S. 28–34

G

Gallagher, L. (2016): How Airbnb Found a Mission – and a Brand,
in: Fortune, 22.12.2016
https://fortune.com/longform/airbnb-travel-mission-brand/
Abrufdatum: 03.08.2021

Globe One (2019): No Purpose, No Brand. Wie sich führende Unternehmen über einen höheren Unternehmenszweck positionieren, Köln
www.globe-one.com/brand-purpose-studie-deutschland/?lang=de

Glynn, S./ Marshall, J. u.a. (2016): Welcome to the Human Era, Lippincott
https://lippincott.com/insight/welcome-to-the-human-era/
Abrufdatum: 03.08.2021

H
Hackmann, M. (2020): Purpose – die große Unbekannte,
in: Handelsjournal Interview vom 17.11.2020, s. auch
www.handelsjournal.de/unternehmen/artikel-2020/die-zukunft-aendert-jetzt-ihre-richtung.html
Abrufdatum: 30.08.2021

Harbour, S. (2020): Mission Driven Brands: Creating Value with Values
www.volitioncapital.com/news/mission-driven-brands-creating-value-with-values/
Abrufdatum: 03.08.2021

HAVAS (2021): Meaningful Brands-Studie
www.havasgroup.com/press_release/havas-meaningful-brands-report-2021-finds-we-are-entering-the-age-of-cynicism/
Abrufdatum: 03.08.2021

Hornik, A./ Klose, Dr. G./ Stehnken, Dr. T./ Spalthoff, F./ Glockner, H./ Grünwald, Dr. Ch./ Bonin, D./ Sachs, J. (2020): Zukunft von Wertvorstellungen der Menschen in unserem Land. Die wichtigsten Ergebnisse und die Szenarien im Überblick, Hrsg: Prognos AG, Z_punkt GmbH The Foresight Company im Auftrag des Bundesministeriums für Bildung und Forschung (BMBF), Berlin/ Köln
www.vorausschau.de/vorausschau/de/home/home_node.html
Abrufdatum: 03.08.2021

I
Iser, J./ Schmidt, P. (2005): Werte und Big Five: Trennbarkeit der Konzepte und Erklärungskraft für politische Orientierungen,
in: Schumann, S.; Schoen, H. (Mitarb.): Persönlichkeit. Eine vergessene Größe der empirischen Sozialforschung. Wiesbaden: VS Verlag für Sozialwissenschaften 2005, S. 301–319

Quellenverzeichnis

J

Jahn, S./ Drengner, J./ Gaus, H.-J./ Kießling, T. (2013): Brand Values als Instrument der Markenführung – Konzeptualisierung, Messung und Abgrenzung von der Markenpersönlichkeit, S. 215 – 239,
in: Impulse für die Markenpraxis und Markenforschung: Tagungsband der internationalen Konferenz „Der Markentag 2011" Hrsg. Baumgarth, C./ Boltz, D.-M.
www.researchgate.net/publication/280317872_Brand_Values_als_Instrument_der_Markenfuhrung_-_Konzeptualisierung_Messung_und_Abgrenzung_von_der_Markenpersonlichkeit
Abrufdatum: 03.08.2021

K

KANTAR Millward Brown (2020): BrandZ Top 100 most valuable brands 2020
https://www.kantar.com/campaigns/brandz/global
Abrufdatum: 30.08.2021

Karageorgiuou, G./ Selwood, D. (2020): Successful Companies Live up to This Ancient Greek Ideal, in: HBR
https://hbr.org/2020/11/successful-companies-live-up-to-this-ancient-greek-ideal
Abrufdatum: 30.08.2021

Kilian, Prof. Dr. K. (2020): Unternehmens- und Markenführung mit dem Würzburger Marken-Management-Modell und dem BEST of Branding Ansatz, in: transfer – Zeitschrift für Kommunikation und Markenmanagement 03/2020, S. 36–43

Klaus, C./ Grünwald, Dr. Ch./ Astor, M. (2020): Zukunft von Wertvorstellungen der Menschen in unserem Land. Die wichtigsten Ergebnisse im Überblick. Bundesministerium für Bildung und Forschung, Prognos AG, Berlin August 2020
www.vorausschau.de/SharedDocs/Downloads/vorausschau/de/BMBF_Foresight_Wertestudie_Kurzfassung.pdf?__blob=publicationFile&v=1
Abrufdatum: 02.09.2021

Krumm, R. (2017): 9 Levels of Value Systems, Mittenaar-Zwicken

L

Lee Yohn, D. (2017): Why Your Company Culture Should Match Your Brand,
in: Harvard Business Review, 26.6.2017
https://hbr.org/2017/06/why-your-company-culture-should-match-your-brand
Abrufdatum: 03.08.2021

Löhe, K./Kreiling, S./Schilling, V. (2020): Whitepaper: Guter Konsum – Zielgruppen im
Klimawandel, diffferent, Berlin
www.diffferent.de/publikationen/guter-konsum/
Abrufdatum: 03.08.2021

M

Markenverband u.a. (2020): Zukunftsszenarien für die Markenführung: Der Konsument als
Souverän, in: markenartikel, Das Magazin für Markenführung
www.markenartikel-magazin.de/_rubric/detail.php?rubric=marke-marketing&nr=29619
Abrufdatum: 03.08.2021

Markenverband u.a. (2019): Zukunftsszenarien für die Markenführung: In Gemeinschaft
voran!, in: markenartikel, Das Magazin für Markenführung
www.markenartikel-magazin.de/_rubric/detail.php?rubric=marke-marketing&nr=27612
Abrufdatum: 03.08.2021

Mark, M./Pearson, C. S. (2001): The Hero and The Outlaw: Building Extraordinary Brands
Through the Power of Archetypes, New York

McKinsey (2020): Purpose: shifting from why to how, in: McKinsey Quarterly
www.mckinsey.com/business-functions/organization/our-insights/purpose-shifting-from-why-to-how
Abrufdatum: 03.08.2021

McKinsey (2020): Demonstrating corporate purpose in the time of coronavirus
www.mckinsey.com/business-functions/organization/our-insights/demonstrating-corporate-purpose-in-the-time-of-coronavirus
Abrufdatum: 03.08.2021

Quellenverzeichnis

McKinsey Marketing and Sales Practise (2013): Business branding. Bringing strategy to life.
www.mckinsey.com/~/media/McKinsey/Business%20Functions/Marketing%20and%20Sales/Our%20Insights/B2B%20Business%20branding/1-McKinsey-Business-Branding-Bringing-Strategy-to-Life_0.ashx
Abrufdatum: 03.08.2021

N

Nathan, S./ Schmidt, K. (2013): From Promotion to Emotion: Connecting B2B Customers to Brands
www.thinkwithgoogle.com/consumer-insights/consumer-trends/promotion-emotion-b2b/
Abrufdatum: 24.07.2021

Neufeld, D., World Economic Forum (2020): The world's most influential values, in one graphic
www.weforum.org/agenda/2020/11/values-graphic-care-behaviour-family-love-tradition-free-speech/
Abrufdatum: 03.08.2021

P

Pätzmann, J.-U. (2020): Von Helden & Zerstörern, 28 archetypische Spielkarten. Mit Spielanleitung für Startups, Neu-Ulm

R

Rieke, N. (2020): Eine klare Haltung zahlt auf viele Unternehmensziele ein. Interview auf: visable.com
www.visable.com/de_de/magazin/interviews/purpose-driven-marketing-b2b
Abrufdatum: 03.08.2021

Rieke, N. (2020): Viel Sinn und Unsinn rund um Brand Purpose, in: W&V
www.wuv.de/wuvplus/viel_sinn_und_unsinn_rund_um_brand_purpose
Abrufdatum: 03.08.2021

Rieke, N. (2020): Corona-Umgang: Sinnvoll handeln statt wildes Zukunftsbingo!, in: absatzwirtschaft
www.absatzwirtschaft.de/umgang-mit-corona-sinnvolles-handeln-statt-wildes-zukunftsbingo-171432/
Abrufdatum: 03.08.2021

Rieke, N. (2019): Die Lücke zwischen Wissen und Machen lauert überall,
in: absatzwirtschaft
www.absatzwirtschaft.de/die-luecke-zwischen-wissen-und-machen-lauert-ueberall-162012/
Abrufdatum: 03.08.2021

Rieke, N. (2019): Purpose – Werber-Buzzword oder Unternehmenstreiber?
in: absatzwirtschaft
www.absatzwirtschaft.de/purpose-werber-buzzword-oder-unternehmenstreiber-159357/
Abrufdatum: 03.08.2021

Rieke, N. (2018): Marken im Spannungsfeld zwischen Freiheit und Verantwortung,
Interview in new business
www.new-business.de/kommunikation/detail.php?rubric=KOMMUNIKATION&nr=728016
Abrufdatum: 03.08.2021

S
Sauer, F.H./ DA VINCI 3000 GmbH (2021): Enzyklopädie der Wertvorstellungen.
Alles über Werte, Wertewandel und Organisationskultur
https://www.wertesysteme.de
Abrufdatum: 30.08.2021

Scheier, Ch./ Held, D./ Schneider, J./ Bayas-Linke, D. (2012): Codes – Die geheime Sprache der
Produkte, Freiburg

Schneidewind, U. (2018): Die große Transformation, Einführung in die Kunst gesellschaftlichen Wandels, Berlin

Schwartz, S. H./ Melech, G./ Lehmann, A./ Burgess, S./ Harris, M./ Oven, V. (2001): Extending the
cross-cultural validity of the theory of basic human values with a different method of mea-
surement. Journal of Cross Cultural Psychology, 32, S. 519–542
*www.semanticscholar.org/paper/Extending-the-Cross-Cultural-Validity-of-the-Theory-
Schwartz-Melech/67eb25ddfc594b1b4f7ecdec0ead07f18d145400*
Abrufdatum: 03.08.2021

Schwartz, S. H. (1992): Universals in the content and structure of values: Theoretical advances and empirical tests in 20 countries. In M. Zanna (Ed.) Advances in experimental social
psychology (p. 25, pp. 1–65). New York.

Quellenverzeichnis

Schwingen, H.-Ch. (2021): Marken brauchen Werte, in: Capital 03/2021, S. 74–75

Schwingen, H.-Ch. (2021): Blick von der Seitenlinie, in: Top Company Guide 2021, S. 162–165

Schwingen, H.-Ch. (2021): Markenexperte Schwingen: „Wir müssen Europa neu denken"
https://looping.group/ping/artikel/markenexperte-schwingen-wir-muessen-europa-neu-denken
Abrufdatum: 03.08.2021

Schwingen, H.-Ch./ Engelhardt, A. (2020): Brand Driven Progress – Von der Technologie zur Erlebnismarke, herausgegeben von Deutsche Telekom AG, Bonn

Schwingen, H.-Ch. (2019): Pessimismus ist keine Option, in: turi2 edition #8, S. 126–136

Serafeim, G. (2020): Making Sustainability Count: Social-Impact Efforts That Create Real Value, in: Harvard Business Review, Sep-Oct 2020
https://hbr.org/2020/09/social-impact-efforts-that-create-real-value
Abrufdatum: 03.08.2021

Sharp, B. (2010): How Brands Grow: What Marketers Don't Know, Melbourne

Sidibe, M. (2020): Marketing Meets Mission: Learning from brands that have taken on global health challenges, in: Harvard Business Review, May-June 2020
https://hbr.org/2020/05/marketing-meets-mission
Abrufdatum: 03.08.2021

Stoll, X. (2019): Diese 12 Archetypen sollten Sie kennen
https://blog.hubspot.de/marketing/archetypen
Abrufdatum: 03.08.2021

Sull, D./ Turconi, S./ Sull, Ch. (2020): When it comes to Culture, does your company walk the Talk? MIT Sloan Management Review
https://sloanreview.mit.edu/article/when-it-comes-to-culture-does-your-company-walk-the-talk/
Abrufdatum: 03.08.2021

T

Taylor, D. (2017): Airbnb: Turning Brand Purpose into Action
https://thebrandgym.com/airbnb-turning-brand-purpose-into-action/
Abrufdatum: 03.08.2021

Trendbüro, Kantar (2020): Werte-Index Corona Update 2020
www.kantar.com/de/inspiration/coronavirus/werte-index-corona-update-2020
Abrufdatum: 03.08.2021

W

Walsh, M. (2020): The 21st Century CMO Playbook
www.mike-walsh.com/21st-century-cmo-playbook
Abrufdatum: 03.08.2021

Watkins, L./ Gnoth, J. (2005): Methodological issues in using Kahle's list of values scale for Japanese tourism behaviour, in: Journal of Vacation Marketing
July 1, 2005, S. 225–233, s. auch
https://journals.sagepub.com/doi/abs/10.1177/1356766705055708
Abrufdatum: 03.08.2021

Watts, K. (2020): Creative Destruction: A New Model For A Post-Pandemic Economy
www.longdash.co/altered/creative-destruction-a-new-model-for-a-post-pandemic-economy/
Abrufdatum: 03.08.2021

Wells, Ch./ Atkin, M. (2007): Value Systems: Demographics for the 21st century.
MRS Conference Papers, Annual Conference 2007, in: WARC
(Download Online-Datenbank in 2018)

Z

Zeno Group (2020): Global Study Reveals Consumers Are Four To Six Times More Likely To Purchase, Protect And Champion Purpose-Driven Companies, in: Forbes Online
www.forbes.com/sites/afdhelaziz/2020/06/17/global-study-reveals-consumers-are-four-to-six-times-more-likely-to-purchase-protect-and-champion-purpose-driven-companies/
Abrufdatum: 03.08.2021

September 2021